U0230232

茂兰研究·6

中国茂兰珍稀特有植物

Rare and Endemic Plants of Maolan, China

姚正明　周　庆　主编

科 学 出 版 社
北　京

内 容 简 介

本书根据贵州茂兰国家级自然保护区珍稀特有植物专项调查与多年来的基础研究积累成果编写而成，主要内容包括自然地理环境、物种多样性、森林植被、植物区系、资源评价及物种保护与利用，详细地介绍了85种珍稀特有植物的主要形态识别特征、生境、地理分布、种群与群落特征、生存状态及扩繁技术等。

本书内容融保护管理及开发利用为一体，并附有物种彩色图片，展现物种主要形态识别特征，对基层林业工作者、科普宣传工作者识别珍稀特有植物具有重要的指导作用，适于自然保护、生态、环境、园林等植物资源研究者、管理人员以及高等院校有关专业师生参考使用。

图书在版编目（CIP）数据

中国茂兰珍稀特有植物 / 姚正明，周庆主编. — 北京：科学出版社，2024.3
（茂兰研究；6）
ISBN 978-7-03-077441-5

Ⅰ. ①中… Ⅱ. ①姚… ②周… Ⅲ. ①珍稀植物 – 研究 – 荔波县 Ⅳ. ①Q948.527.34

中国国家版本馆CIP数据核字（2024）第009173号

责任编辑：马　俊　郝晨扬 / 责任校对：郑金红
责任印制：肖　兴 / 装帧设计：北京美光设计制版有限公司

科学出版社 出版
北京东黄城根北街16号
邮政编码：100717
http://www.sciencep.com
北京华联印刷有限公司 印刷
科学出版社发行　各地新华书店经销
*
2024年3月第　一　版　开本：889 × 1194　1/16
2024年3月第一次印刷　印张：17 1/4
字数：571 000

定价：298.00元

《中国茂兰珍稀特有植物》编辑委员会

前　言

荔波茂兰喀斯特森林区是地球上唯一幸存下来的面积大、集中成片、原生性强、相对稳定的特殊自然生态系统，被称为“地球腰带上的绿宝石”。由于该区喀斯特森林植被的原始性和特异性，区内生物资源十分丰富，国家重点保护野生植物、特有植物多，发现的新种、新分布、新纪录多，是一个巨大的特殊生物资源“基因库”。当前，贵州茂兰国家级自然保护区（本书简称为“茂兰国家级自然保护区”）植物资源的深度调查不足，仅在20世纪80年代保护区成立之初作过相对全面的调查，限于当时的工作条件，很多资源的状况并未被掌握。另外，由于认识不足，一些物种在无意识中遭受破坏而濒临灭绝。此外，茂兰国家级自然保护区内拥有众多可开发利用的资源，而合理开发利用工作的开展严重不足。

鉴于此，贵州茂兰国家级自然保护区管理局委托贵州省植物园牵头，组建了一支由省内科研院所、高等院校相关研究人员组成的专业团队，对保护区的珍稀特有植物进行深入调查，并将成果编辑出版。本书所有调查统计数据截至2020年10月。

本书总论部分介绍了保护区的自然状况，调查研究的内容、技术路线、方法，森林植被组成，植物区系，资源现状与评价及物种保护与开发利用。各论部分介绍了每种珍稀特有植物的中文名、学名、主要形态识别特征及生境、地理分布、种群与群落特征、生存状态及扩繁技术。本书收录了85种珍稀特有植物，隶属于38科56属，其中：《濒危野生动植物种国际贸易公约》（附录Ⅰ）植物5种（1科1属），国家一级重点保护野生植物6种（5科5属），国家二级重点保护野生植物17种（13科17属），贵州省重点保护树种12种（10科11属），特有植物45种（25科37属）。

本书在编写和出版过程中，得到了贵州省林业局、贵州大学、贵州省林业科学研究院、中国科学院昆明植物研究所等多家单位的支持；在此，向参加野外调查及为本书的编写与出版给予支持和帮助的领导、专家、同行和朋友表示衷心感谢。由于水平有限，书中不足之处在所难免，恳请各位读者提出宝贵意见。

目　录

总　论

各　论

绪 论

生物多样性直接或间接地影响着人类的生存，是人类赖以生存的生物资源，生物多样性的研究和保护是世界各国重视的一个热点问题。物种多样性为生物多样性的核心，植物多样性在物种多样性中扮演着重要的角色，然而，由于人类对植物资源的掠夺式挖掘和开发利用及其生存环境的破坏，植物资源正在快速丧失，尤其是一些珍稀植物因具有特殊的药用、材用、观赏价值及其他用途，受到的人类威胁更加严重，加上有些种类分布范围的狭窄性，使之处于濒危状态。

《中华人民共和国野生植物保护条例》第十五条规定："野生植物行政主管部门应当定期组织国家重点保护野生植物和地方重点保护野生植物资源调查，建立资源档案。"1996～2003年，国家林业局组织完成了第一次全国重点保护野生植物资源调查，获得了大量的宝贵资料和基础数据。2012年4月13日，国家林业局正式下发了《国家林业局关于启动第二次全国重点保护野生植物资源调查有关工作的通知》（林护发〔2012〕87号），同时下发了《全国重点保护野生植物资源调查工作大纲》和《全国重点保护野生植物资源调查技术规程》，并要求各个省（自治区、直辖市）按照国家工作大纲和技术规程的基本要求，更深入地调查研究。

茂兰国家级自然保护区喀斯特森林由于其岛屿状的喀斯特地貌和特殊生境，产生了较多的特有物种，是提供引种驯化、遗传育种繁殖材料的天然"基因库"，调查摸清茂兰国家级自然保护区的珍稀植物资源状况、动态变化，对研究当地气候演变、环境变化及植物区系具有重要的意义，也可为政策制定和管理决策提供依据。

一、保护区的特殊地位、价值及其在生态文明建设中的重要意义

（一）喀斯特山地森林典范

茂兰国家级自然保护区位于贵州南部与广西北部交界处，区内喀斯特地貌十分发育，其喀斯特形态多种多样，山峰尖削而密集，洼地深邃而陡峭，山峰洼地层层叠叠，呈现峰峦叠嶂的喀斯特峰丛景观。由碳酸盐类岩石构成的裸岩山地上保存有2万多公顷原生性的、喀斯特山地特有的常绿落叶阔叶混交林。

1）茂兰喀斯特森林是世界同纬度罕见的保存完好的绿色明珠。我国是世界上喀斯特面积分布最大的国家，仅由碳酸盐类岩石出露发育的喀斯特面积就达130万km^2，其中一部分分布在我国青藏高原和西北干旱地区，大部分分布在东南省区，尤其是集中分布在具有优越水热条件的亚热带气候的湖南西部、湖北西部、贵州、广西、云南东部等地。这些地区喀斯特形态多样、地形特殊、景观独特，如广西桂林、阳朔，云南路南石林，贵州黄果树、织金洞等。但早在几百年前这些地区的喀斯特森林就遭到破坏，至今喀斯特山地原生林几乎消失殆尽，大多数地区演变为喀斯特石漠化景观。碳酸盐类岩石溶蚀所塑造的喀斯特地貌及其组合千姿百态，具有一定的观赏价值，但这种生境对生物的生存特别是乔木林的生长发育却是十分严酷的，与同纬度的北非、西亚、中美洲的墨西哥和美国西南部的干旱荒漠相类似。目前，茂兰国家级自然保护区喀斯特森林是世界同纬度地区残存的绝无仅有的分布集中、原生性强、相对稳定的森林生态系统，是世界上珍贵的喀斯特森林植物资源。因其本身作为地球上一种独特的森林群落类型，在世界森林植被中占有重要地位。

2）茂兰喀斯特森林为世界喀斯特山地森林恢复和重建提供基础科学依据。茂兰国家级自然保护区喀斯特森林的重要性体现在它提供了喀斯特森林的原始自然本底。在中亚热带地区喀斯特森林几乎被破坏殆尽的今天，茂兰国家级自然保护区典型的裸露型喀斯特地貌上还保存有集中连片、原生性强的喀斯特森林，是同纬度地区绝无仅有的喀斯特森林生态系统，揭示了喀斯特森林所具备的独特的自然地理环境，特别是其水文地质二元结构、喀斯特森林气候和土壤发育状况、喀斯特森林

性质和群落学特征以及丰富的生物资源。总之，茂兰国家级自然保护区喀斯特森林是我国亚热带地区喀斯特森林景观的代表，起到提供原始本底的作用，为科学实验提供天然实验室，并能对人类活动所引起的后果进行监测、评价和预报。

（二）丰富的生物多样性

1）菌物多样性。大型真菌有35科81属182种（可供食用48种、药用42种）。

2）动物多样性。动物有57目309科2028种，其中脊椎动物34目105科475种、昆虫20目161科1342种，药用昆虫75种。

3）植物多样性。苔类植物21科27属49种；藓类植物28科93属186种；石松类和蕨类植物32科78属235种（含种下等级）；野生种子植物有170科788属2382种，特有植物45种。区内有国家重点保护野生植物23种，国家一级重点保护野生植物有单性木兰、掌叶木、红豆杉等6种，国家二级重点保护野生植物有喜树、香木莲、香果树等17种。

（三）在生态文明建设中的意义

1）提供优越的自然环境。茂兰国家级自然保护区处于贵州高原向广西丘陵过渡的斜坡地带，总面积为212.85km^2，喀斯特地貌形态多样，有落水洞、漏斗、洼地、槽谷、盲谷、盆地、峰林、峰丛等。保护区属于中亚热带季风湿润气候，年平均温度为15.3℃，全年降水量为1750～1950mm，年平均相对湿度为83%左右。森林类型为亚热带喀斯特非地带性森林生态系统，森林茂密，空气负氧离子含量高。

2）人与自然和谐的典范。保护区保存完好的喀斯特地貌、动植物资源，为公众提供了良好的科普教育场所。

3）生物资源宝库。保护区不仅拥有丰富的动植物种类，而且特有性较高，许多喀斯特特有植物吸引着中外专家、学者纷纷前来开展科学研究，是难得的科研、

教学基地。

4）回归自然的“天堂”。茂兰国家级自然保护区所在的荔波县已成为知名的石灰岩生态旅游区域。这在保护区的保护与发展中发挥着重要的作用，使保护区逐步成为人们生态旅游的目的地。

二、调查研究的技术路线、内容、方法

本书以国家级重点保护野生植物、贵州省重点保护树种以及茂兰喀斯特特有植物为主要调查研究对象。

（一）技术路线

成立调查组，收集有关茂兰喀斯特地区植物方面研究的文献和相关信息，统一标准和方法；在调查过程中，与保护区管理局相关专业技术人员和保护区内的居民进行充分交流，获取尽可能多的信息；及时整理调查资料，对遗漏调查区域和物种及时补充调查；按照相关要求汇总和编写报告，提交调查成果（图1）。

（二）内容

调查研究内容包括各目标物种分布地点、生境、面积、资源数量（株）、健康状况、更新现状及群落组成结构。

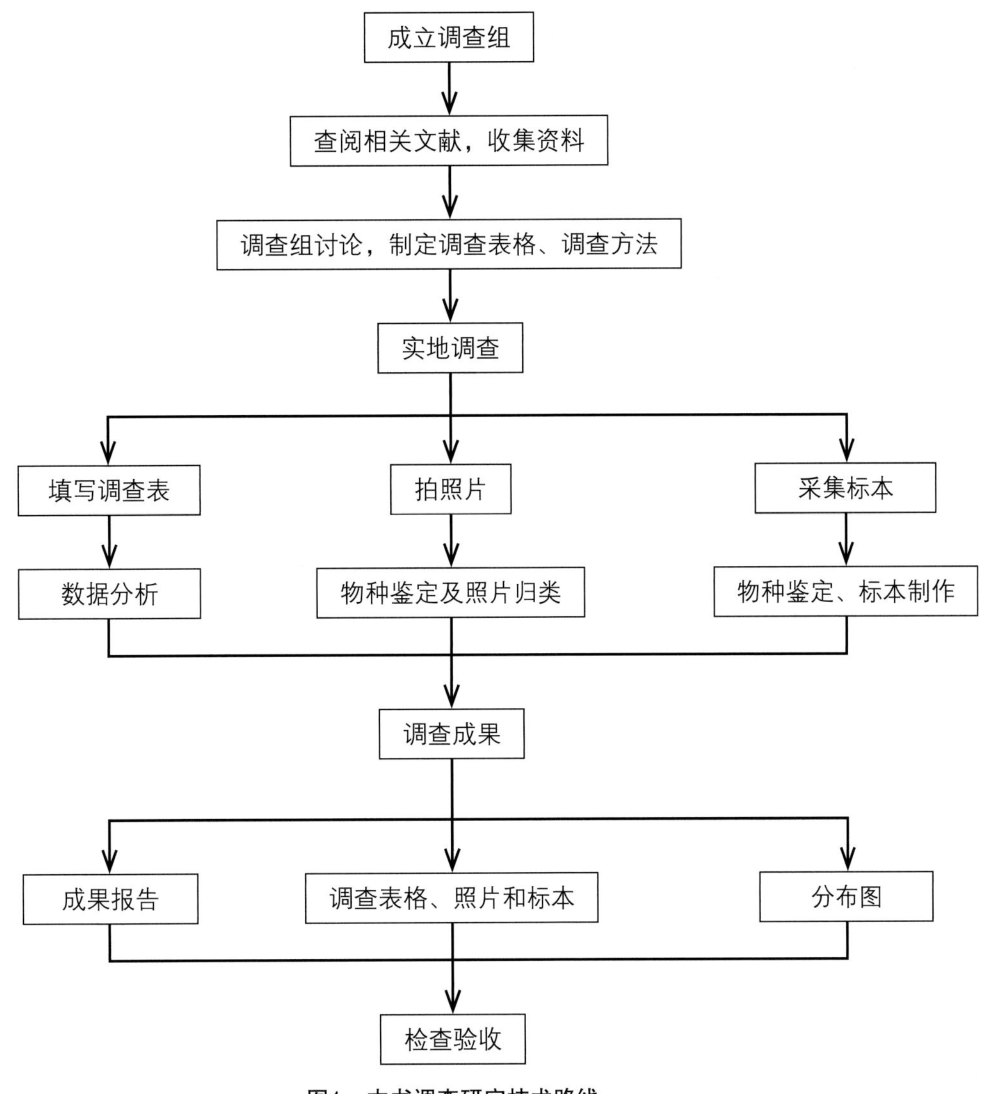

图1　本书调查研究技术路线

（三）方法

本书的调查研究方法包括实测法（全测法）、样方法（样圆法）、线路法、访问法。

1. 实测法（全测法）

实测法主要适用于分布狭窄，分布面积小，种群数量稀少而便于直接计数的目的物种；另外，经过多次调查，积累了较完整的资料，其分布地点、范围和资源都较清楚，便于复核的目的物种，也适用于本方法。在系统收集以往调查资料的基础上，将目的物种分布点标记在地形图上；深入实地调查，通过全查（直接计数）进一步调查核实目的物种的分布面积、种群数量及生境的变化情况，补充以往的调查资料。

2. 样方法（样圆法）

样方法主要适用于散生或团状分布，且分布连片、面积较大的目的物种，样方（样圆）设置如图2和图3所示。

（1）典型选样

根据珍稀植物种所处生境情况，采用样方法或样圆法或样带法。主样方（样圆）面积因目的物种生活型的不同而异，原则上主样方（样圆）面积如下。

1）乔木树种及大灌木主样方边长（L）为20m，面积为20m×20m。主样方通常设置为正方形，特殊情况下也可设置为长方形，宽不小于5m，长不小于80m。乔木树种及大灌木主样圆半径（R）为10～20m。

2）灌木树种及高大草本主样方边长（L）为5m，面积为5m×5m；主样圆半径（R）为3～5m。

3）草本植物主样方边长（L）为1m，面积为1m×1m；主样圆半径（R）为1m。

4）藤本物种：生长在乔木林中的主样方边长（L）为20m，面积为20m×20m，主样圆半径（R）为10～20m；生长在灌木丛中的主样方边长（L）为5m，面积为5m×5m，主样圆半径（R）为3～5m。

（2）主样方（样圆）数量

目的物种所处的群落或生境面积小于500hm^2，则设5个主样方（样圆）；大于500hm^{2}的每增加100hm^{2}增设1个主样方（样圆），同一群落或生境类型，主样方（样圆）总数量不超过10个；目的物种所处的群落或生境分布在2个以上地段时，小的地段可少设或不设主样方（样圆），大的地段可多设，但一般最多不超过5个。未设主样方（样圆）的地段，需要在踏查过程中，记录目的物种相关信息，至少记录10株（仅10株以下，则全部记录）目的物种的分布经纬度、树高、胸径等相关信息，并拍摄目的物种个体及所处群落照片。

（3）出现度调查

为了避免在主样方（样圆）设置时因人为主观因素

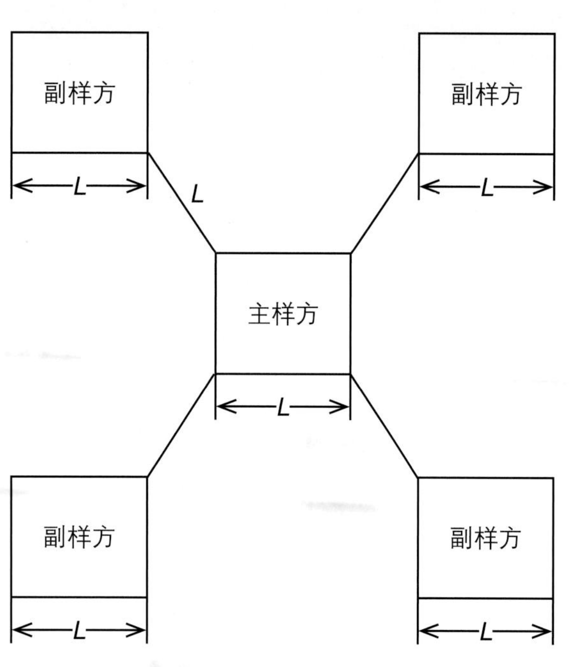

图2 主样方、副样方设置

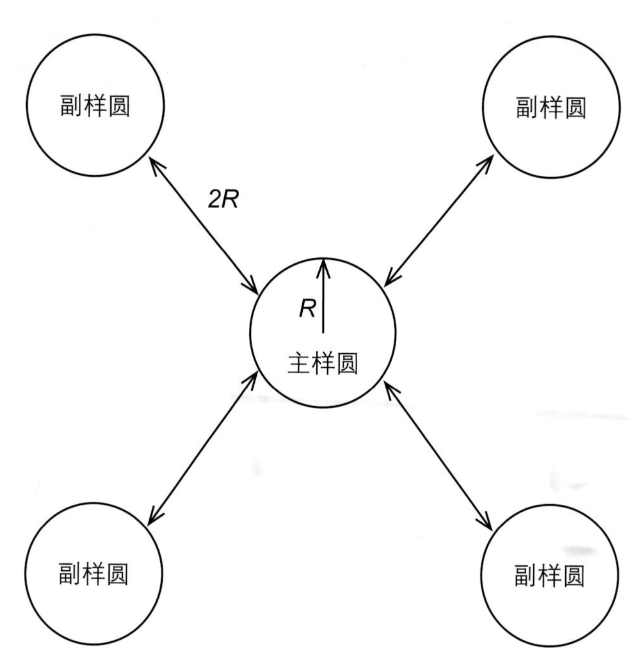

图3 主样圆、副样圆设置

所造成的误差，需采用出现度作为目的物种总量的修正系数；出现度采用等距设置副样方（样圆）进行调查计算，即在每一主样方（样圆）4个对角线方向上（如目的物种呈狭条带状分布，也可与主样方并排等距布设）设置4个副样方（样圆），其形状和大小与主样方（样圆）相同。主样方与副样方的间距与样方的边长长度相同；主样圆与副样圆的间距是样圆半径的2倍。如果某一方向的副样方（样圆）超出群落范围或因地形等因素而不能设置，可共同偏离一定角度布设。副样方（样圆）仅调查目的物种的有无，不计算目的物种的数量，记录出现目的物种（出现1株就统计）的副样方（样圆）数量。

3. 线路法

根据实际，对于分布范围大而个体零星的种类采用线路法，如伞花木、掌叶木等。按照每天所走路程发现的株数来推算每平方千米的数量，再乘以分布面积。

4. 访问法

经查阅资料已知分布地区和范围但很难找到的物种，通过访问，综合分析并估计其数量，填写有关表格。

总论

第一章　自然地理背景

茂兰国家级自然保护区位于贵州省荔波县，地理位置为25°09′20″N～25°20′50″N、107°52′10″E～108°05′40″E，东西宽22.8km，南北长21.8km，总面积为21 285hm^2。

一、地质地貌

保护区分布的岩石主要为石灰岩和白云岩，个别小区域为石英砂岩及夹于其中的砂页岩。石灰岩分布的层位最多，白云岩出露面积最大，为喀斯特森林的主要着生基岩。本区的石灰岩和白云岩几乎全为纯质的碳酸盐类。根据岩石化学分析，所有灰岩中CaO含量为52.59%～54.33%，远大于灰岩CaO含量的平均值（42.61%），接近于灰岩的组成矿物方解石（$CaCO_3$）中CaO的理论含量（56%）。白云岩中CaO含量为30.92%～31.64%，MgO含量为19.60%～21.89%，大致与其主要组成矿物白云石[$CaMg(CO_3)_2$]中CaO（30.4%）和MgO（21.7%）的理论含量相近。本区碳酸盐类岩石中，含方解石和白云石97%以上。在这类由纯质碳酸盐岩形成的喀斯特森林峰丛山地里，不连续

的基岩裸露率在70%以上，其浅薄的土层仅见于洼地和谷地底部，或者在斜坡地带的石沟和石缝中停积有零星土层。

保护区内喀斯特地貌十分发育，喀斯特形态多样，山峰尖削而密集，洼地深邃而陡峭，山峰洼地层层叠叠，呈现出峰峦叠嶂的喀斯特峰丛景观，峰丛漏斗和峰丛洼地是保护区内分布极广的主要地貌类型。

全区地势西北部高于东南部，最高海拔为1078.6m，最低为430m，平均在800m以上。其中西部山峰一般海拔为860～1000m，洼地为670～800m；东部山峰海拔为660～820m，洼地为450～600m。

二、水文

保护区地表水系不发育，区内尧兰河、尧所河及板寨河3条河流均分属区内与之相应的3条地下河系，是地下河明流的局部段落。河流流量较小，枯流量一般均小于50L/s。河流坡降一般小于18%，只有尧所河注入山谷时形成总落差为60～80m的跌水。

与常态地貌不同，区内地下水循环存在明显的二元结构：上层为喀斯特森林滞留水循环系统，下层为喀斯特管道裂隙水循环系统。前者为近地面的表层地下水系统，其补给源主要为大气降水，以及部分林下凝结水。这两种补给源到达地面后，除少部分向下渗漏，补给喀斯特地下水外，其余大部分由于森林枯枝落叶层阻滞，沿地表发生侧转运移，在峰丛密集、地形急剧变化的地区，显然其流程短，汇水面积有限，结果必然是排泄点多，泉水密集分布，流量较小，但动态较稳定，从而产生森林滞留水补给。径流排泄特点是水源近而流程短，到处流水潺潺，甚至冬季也不干枯，构成喀斯特森林别具一格的水文地质景观。

在一些喀斯特地面连续性较好、汇水面积较大且

森林茂密的地方，也可见到一些径流途程长且流量大的森林滞留泉。这些泉水往往是当地人民生活及生产水源。喀斯特水循环系统位于森林滞留水下部，为区域性占主导地位的喀斯特管道水系统，补给源主要为大气降水，其次为森林滞留水。地下水赋存于喀斯特管道及裂隙中，其埋藏深度随地质地貌条件的不同而异。区内喀斯特水补给面积大，流程长，排泄带低，地下水露头稀少，但流量大。

研究表明，区内地下水化学类型为重碳酸钙及重碳酸钙镁型水，属于微硬水；pH 7.2～7.7，属于中性水；固体物含量为140～190mg/L。区内及其附近无污染性工矿企业，植被保存较好，村寨不多，地下水的物理性质良好、无色、无臭、微带甜味、清凉可口，是很好的饮用水源。

三、气候

保护区属于中亚热带山地季风湿润气候，春秋温暖、夏无酷暑、冬无严寒、雨量充沛。年平均气温为15.3℃，1月平均气温为5.2℃，7月平均气温为23.5℃，气温年均差18.3℃，≥10℃活动积温4598.6℃，生长期为237天；全年降水量为1750～1950mm，集中分布在4～10月，水分资源十分丰富。这是由于来自西太平洋的东南季风以及来自印度洋的西南季风容易过境；南来的暖湿空气遇到地形突然抬升，容易成云致雨；此外，喀斯特地貌上覆盖大片的粗糙度较大的森林下垫面，可减缓气候变化，加之森林本身的作用有利于降水。该区夏半年（4～9月）降水量多达1419.6mm，占全年总降水量的81%。此时，热量充足、雨热同季，为植物生长发育提供了极为有利的气候条件。

保护区虽然纬度较低，但由于阴雨天气较多，因此日照百分率较低，全年日照时数为1272.8h，日照百分率为29%，年太阳辐射总量仅为63 289.8kW/m²，在全国太阳辐射总量的分布图上处于低值区。冬季（12月至翌年2月）日照百分率不足20%。夏季（7～9月）在40%左右。特别是漏斗底部，由于地形荫蔽、林木葱郁，实际日照时数更少。漏斗底部光照条件差，是茂兰喀斯特森林区气候的一个主要特征。

因独特的地理环境条件，漏斗相对湿度的分布也具有特殊性。漏斗底部由于植被茂密、地形荫蔽、雨水宣泄不易、太阳辐射少、温度低、静风或风力微弱等，水汽不易扩散，蒸发力弱，全年阴湿，各月的相对湿度均

在90%以上，年平均相对湿度为94%；雨量较为集中的夏季（6～8月）相对湿度高达97%。而漏斗顶部由于地形开阔，接受太阳辐射能多，蒸发力强，风大，水汽易于扩散，因此，相对湿度较小，年平均为83%，在极端干燥气候条件下，相对湿度只有20%。

四、土壤

土壤的形成和发育是长期的岩石风化过程和生物富集化过程的结果。石灰土的形成，一方面受石灰岩母岩的制约；另一方面则受植被的生物富集作用影响。对于后者而言，植物虽然具有选择吸收的能力，但在石灰土上又被迫地接受土壤中的某些过量元素。因此，在石灰土上的植物体中的元素与酸性土壤上的植物体中的元素比较，前者灰分含量高于后者，特别是含钙（Ca）量，前者为2.4%，后者为1.4%。而铁（Fe）和硅（Si）含量则低于后者。

茂兰喀斯特森林石灰土成土母岩是纯度较高的白云岩和石灰岩。母岩测定结果显示，能形成土粒的重要成分SiO_2、Al_2O_3和Fe_2O_3含量极低，石灰岩仅占1.52%，白云岩也只有2.02%，而含量较高的钙、镁、碳酸盐类在溶蚀过程中随水流失。因此形成的土壤层极薄，仅有20～40cm，且土被不连片，多存于岩石缝隙之中。保护区内的石灰土主要在发育初期，这种土壤的发育特点是，岩石风化残留物形成的少数细土粒与植物残落物和根系交织在一起。

保护区喀斯特森林覆盖下的石灰土表土pH 7.1～7.4，属于弱碱性；中下层土壤pH 7.5～8.1，属于碱性，这与土层碳酸盐长期淋失，以及有机残体分解形成酸性物质有关。土壤有机质含量丰富，表层土壤可达20%，下层土壤仍可达2%～8%；漏斗底部土壤有机质含量达34%～38%；表层土壤含氮量为1%～3%，亚表层和心土层为0.2%～0.5%，有机质含量很高的漏斗底部土壤全氮量为2%～3%；表层土壤全磷量和全钾量分别为0.14%和0.41%；表层土壤速效磷含量为10～20mg/kg，属于中等水平，速效钾为80～290mg/kg，属于丰富等级。

由此可见，茂兰国家级自然保护区森林土壤的特点是：土层薄，土被不连续，但土壤质量很好，具体表现为有机质和氮、磷、钾养分丰富，剖面多呈碱性。

第二章 生物多样性及森林植被组成

一、生境的特殊性形成丰富的茂兰喀斯特森林生物多样性

生境的特殊性及复杂的地貌和小气候条件是茂兰喀斯特森林生态系统多样性形成的主要动力。保护区内喀斯特地貌十分发育，形态多样，有峰丛、漏斗、洼地、盲谷、落水洞、河谷等，呈现峰峦叠嶂的喀斯特景观。茂兰国家级自然保护区喀斯特森林群落小，生境丰富多样，既有湿度小、温度高、变幅大、风大、日照强烈的山脊生境，也有湿度大、温度低、变幅小、日照少、静风的负地形生境（如槽谷、洼地、漏斗等）和局部林下枯枝落叶层较厚、岩溶裂隙水和枯枝落叶滞留水较多而形成临时性积水的森林滞留沼泽湿地生境；既有岩石裸露、气温变化剧烈的石牙、崩塌的大块岩石等干旱生境，也有土层相对深厚、土壤营养元素丰富、有机质含量高、气温变幅较小的石沟和石缝等肥沃生境。此外，由于重力崩塌和堆积，一些布满崩塌岩块的地表下面还埋有土壤，从而形成多层次生态空间，为不同生态位物种提供了各自所需的生境及栖息地，这是茂兰喀斯特森林生态系统生物物种资源丰富的基础。

保护区内植物资源十分丰富，据统计，现有植物2852种，苔类植物21科27属49种，藓类植物28科93属186种，石松类和蕨类植物32科78属235种（含种下等级），野生种子植物170科788属2382种，区内有国家

重点保护野生植物23种，《濒危野生动植物种国际贸易公约》（附录Ⅰ）植物5种，国家一级重点保护野生植物有单性木兰、掌叶木、红豆杉等6种，国家二级重点保护野生植物有喜树、香木莲、香果树等17种，特有植物45种。

茂兰国家级自然保护区水文地质条件特殊，气候温暖湿润，森林保存较好，为野生动物提供了良好的生存和栖息环境。现统计有脊椎动物475种，昆虫有161科1342种。主要动物种类有猕猴、黑熊、穿山甲、林麝、白鹇、蛇雕、蟒等，以猕猴和白鹇为优势种群。

国家一级重点保护野生动物有蟒、白颈长尾雉、中华秋沙鸭等5种，国家二级重点保护野生动物有猕猴、豹猫、斑灵狸、红隼、游隼等40种。

二、茂兰喀斯特森林植被组成特征

（一）漫长的陆生演替形成特殊的喀斯特森林

茂兰国家级自然保护区在我国植被分区上处于亚热带常绿阔叶林区、东部（湿润）常绿阔叶林亚区、中亚热带常绿阔叶林带。自然植被除少数地段为藤刺灌丛和灌草丛外，均为发育在喀斯特地貌上的原生性常绿落叶阔叶混交林，是一种非地带性的植被。喀斯特森林是以森林气候为背景，在可溶性碳酸盐岩发育的喀斯特（岩溶）地貌上形成的森林。喀斯特森林的形成是一个极其漫长的演替过程，一般要经历4个阶段。

第一阶段为地衣植物阶段，发生于裸岩表面，其生境无土、干燥，温度变幅极大，具有假死特点的地衣首先侵入其表面生活，有水时地衣植物生长，干燥高温时以假死的方式度过不利时期；地衣在生长过程中逐渐积聚极少的土壤，稍微改变岩石表面极其严酷的生境，给苔藓侵入提供了机会。

第二阶段为苔藓植物阶段，苔藓植物比地衣个体大，生长快，改变环境能力更强，积聚土壤和水分更多。在此时的环境中草本植物才能侵入、定居。

第三阶段为草本植物阶段，草本植物快速生长、死亡、分解，积聚了大量的土壤和水分，生境大大改善，为木本植物的入侵创造条件。

第四阶段为木本植物阶段，耐旱的阳性灌木树种和先锋乔木树种入侵，逐渐形成森林，在植物种类繁多的森林中，经过漫长的种间、种内竞争，形成了与森林环境高度协调的稳定森林，即顶极阶段的森林。

（二）特殊的喀斯特山地形成多样的森林生态系统

荔波喀斯特山地主体特征是缺土少水、富钙的环境。随着降雨的淋洗冲刷，从山顶至山脚的洼地漏斗，形成土壤、水分、养分逐渐增多，光照强度逐渐减弱的生态序列，即山顶为干旱、贫瘠、强光环境，逐渐过渡到山脚洼地漏斗土层深厚、肥沃阴暗的环境。荔波喀斯特山地植被的主体为常绿落叶阔叶林生态系统，山脚洼地漏斗为高大常绿阔叶林生态系统，山顶恶劣生境形成嗜钙、耐旱喀斯特针阔叶混交林生态系统。

喀斯特森林形成后，各种极端环境在森林作用下向着中生环境演化。在局部喀斯特凹地、平坦鞍部水湿生境中，因枯枝落叶分解困难，产生堆积并逐渐淤平，水分减少，向中生环境演化。在喀斯特缺土干旱地段，通过枯枝落叶形成并积累土壤，提高土壤保水肥能力，逐渐摆脱干旱生境并向中生环境演化。

茂兰国家级自然保护区森林群落结构特征具体体现在以下几方面。

1）组成结构复杂，优势种或优势种组不明显；茂兰喀斯特森林是一种稳定的顶极常绿落叶阔叶林，其在组成、结构、生长、更新、演替等方面不同于常绿阔叶林，也异于北亚热带和亚热带中山常绿落叶混交林。保护区喀斯特小生境的多样性高，且这种生境的离散性、随机性以及严酷性造成茂兰森林中物种窄生态位比例较高，群落种类组成多样，而优势种或优势种组不明显的特点。据统计，茂兰喀斯特森林组成中科的重要值序为：胡桃科Juglandaceae、樟科Lauraceae、壳斗科Fagaceae、榆科Ulmaceae、芸香科Rutaceae、无患子科Sapindaceae、槭树科Aceraceae、海桐花科Pittosporaceae、大戟科Euphorbiaceae、榛科Corylaceae。而种的重要值序为：化香树*Platycarya strobilacea*、齿叶黄皮*Clausena dunniana*、青冈*Quercus glauca*、崖花子*Pittosporum truncatum*、朴树*Celtis sinensis*、光叶槭*Acer laevigatum*、掌叶木*Handeliodendron bodinieri*、圆叶乌桕*Sapium rotundifolium*。

2）层次结构完整，垂直结构简单而水平结构复杂。森林群落层次中乔木层、灌木层、草本层、层间植物分化清晰。乔木层的高度较低，多数可分为2个亚层，乔木第一亚层通常高8～15m，第二亚层高3～8m；灌木层只有一层，组成种类多为乔木层的幼小个体。小生境分布的不均匀性，造成了组成群落个体以及种群分布的随机性、常绿落叶种群群聚镶嵌的格局。

3）植物喜钙成分增加，耐旱植物及生态类型多样。喀斯特土壤因其特殊性，在碱性条件下，土壤中的N矿化快，而P、Fe、Mn等营养元素的生物有效性比在酸性土壤中差，因此嫌钙植物在这类土壤上生长则会出现缺P和缺Fe症状。酸性土壤中由于pH低，喜钙植物在生长过程中需要吸取大量的Ca^{2+}、Mg^{2+}作为营养，但酸性土壤不能保证供应，因此喜钙植物生长不良甚至不能生长。茂兰喀斯特森林区特有种与酸性土壤的植物相比表现出高Ca、高Ca/Mg和相对富N、P、K等。茂兰喀斯特森林生态系统对干旱胁迫的响应与适应表现为叶型小，有的具有厚角质层，有的叶退化为刺，有的植物具有肉质构造等。据统计，乔木树种中小型叶占87.4%，革质叶占50.3%。具有旱生特性的种有齿叶黄皮、粗糠柴*Mallotus philippensis*、鹅耳枥*Carpinus turczaninowii*、化香树、香叶树*Lindera communis*、飞蛾槭*Acer oblongum*、青冈、球核荚蒾*Viburnum propinquum*、杨梅叶蚊母树*Distylium myricoides*等。

4）群落生物量低、生长速度慢。岩溶作用造成环境的严酷性与胁迫的严重性，使森林生态系统表现出生产力低下的特点，这是岩溶区森林植物对岩溶环境被动适应的结果。茂兰岩溶区森林的生产力极低，仅为长白山云冷杉林的一半左右，而与同地带的哀牢山、黑石顶等地的森林生态系统也不能相比。

保护区有常绿落叶阔叶混交林、暖性针阔叶混交林、暖性针叶林、竹林4个植被类型。

1. 常绿落叶阔叶混交林

该植被类型是荔波喀斯特森林的主体，主要有青冈、化香树群系，化香树、黄皮群系，掌叶木、槭树群系等。

主要树种中常绿种类有青冈、硬壳柯*Lithocarpus hancei*、宜昌润楠*Machilus ichangensis*、贵州石楠*Photinia bodinieri*、腺叶山矾*Symplocos adenophylla*、

天峨槭*Acer wangchii*、海南树参*Dendropanax hainanensis*、崖花子、齿叶黄皮、香叶树等，落叶种类有翅荚香槐*Cladrastis platycarpa*、朴树、掌叶木、黄连木*Pistacia chinensis*、黄梨木*Boniodendron minius*、云贵鹅耳枥*Carpinus pubescens*、圆叶乌桕、复羽叶栾树*Koelreuteria bipinnata*、多脉榆*Ulmus castaneifolia*、榉树*Zelkova serrata*、油柿*Diospyros oleifera*等。群落层次上具有乔、灌、草的分化，一些较耐阴湿的植物开始出现，如杜茎山*Maesa japonica*、草珊瑚*Sarcandra glabra*等。植物群落在空间上朝复杂化发展，开始出现藤本类层间植物。林木生长较山顶良好，群落高度增加，林木径级增大，群落种类组成增多，灌木层多为先骕竹（贵州悬竹）*Ampelocalamus calcareus*、狭叶方竹*Chimonobambusa angustifolia*形成的层片所代替。草本植物较为丰富，有盾蕨*Neolepisorus ovatus*、对生耳蕨*Polystichum deltodon*、冷水花*Pilea notata*、扁穗莎草*Cyperus compressus*、大序薹草*Carex prainii*等。

2. 暖性针阔叶混交林

暖性针阔叶混交林分布于喀斯特山地的山峰顶部或山脊一带，主要有黄杉、化香树群系，黄杉、华南五针松、乌冈栎群系。

在山顶，岩石裸露率极高的生境极度干旱、极度贫瘠、光照强烈，群落适生物种少，为针阔叶混交林，结构单一，群落盖度低，矮化，林木生长缓慢，径级小，群落层次分化不明显，几乎没有层间植物，草本植物很少。主要乔木为一些耐旱、嗜钙种类，如华南五针松*Pinus kwangtungensis*、岩生翠柏*Calocedrus rupestris*、短叶黄杉*Pseudotsuga brevifolia*、黄枝油杉*Keteleeria davidiana* var. *calcarea*、化香树、细叶青冈*Quercus shennongii*、乌冈栎*Quercus phillyraeoides*、石斑木*Rhaphiolepis indica*等；灌木种类主要有球核荚蒾、中华绣线菊*Spiraea chinensis*、石山吴萸*Evodia calcicola*等。

3. 暖性针叶林

荔波暖性针叶林为华南五针松林，分布于锥状喀斯特山峰顶部或山脊。在中国南方喀斯特的其他省区，华南五针松多散生于阔叶林中，仅在贵州荔波形成天然纯林，是贵州南部喀斯特山地的一种特殊的森林植被类型，对喀斯特地区环境绿化和水土保持具有重要的科研价值。

华南五针松林群落终年常绿，结构简单，分层明显，一般具有乔、灌、草3层。乔木层以华南五针松为单优势种，另外散生有独山石楠*Photinia tushanensis*、岩生鹅耳枥*Carpinus rupestris*、棱果海桐*Pittosporum trigonocarpum*、角叶槭*Acer sycopseoides*、齿叶黄皮等阔叶树种。灌木种类有檵木*Loropetalum chinense*、南天竹*Nandina domestica*、竹叶花椒*Zanthoxylum armatum*、异叶鼠李*Rhamnus heterophylla*等。草本层植物以兰科Orchidaceae及景天科Crassulaceae的属种为主。

4. 竹林

荔波喀斯特山地的竹林主要有黔竹林、方竹林、悬竹林、箬竹林和篌竹林。黔竹*Dendrocalamus tsiangii*俗称炮竹，因其竹壁薄，在燃烧时发出类似于鞭炮声而得名。黔竹分布于海拔500～700m的峰丛坡面上，其竹篾柔软，韧性好，多被当地群众用于编制凉席。群落构成以黔竹为主，混生有化香树、细叶青冈等常绿落叶阔叶树种。方竹林为狭叶方竹，因农历八月发笋，又称八月竹，分布于海拔700～900m的漏斗、洼地至峰丛坡面上，多为阔叶混交林下的一个重要层片。悬竹林为先骕竹，竹秆细长悬垂，多分布于海拔750～1000m的喀斯特山峰上部一带，同方竹林一样，也多为阔叶林下的一个重要层片。箬竹林为箬叶竹*Indocalamus longiauritus*，又称粽叶竹，分布面积较小，只零星分布于海拔500～700m的漏斗、洼地等背阴潮湿的地段。篌竹*Phyllostachys nidularia*在当地称为白夹竹，多分布于洼地或村寨附近的平坦地段，已成为人工经营程度较高的竹林。

第三章 喀斯特地区野生种子植物的基本特征

经过调查，保护区有野生种子植物170科788属2382种，此处主要对保护区内的野生植物区系进行初步分析。

一、野生种子植物科的区系分析

（一）野生种子植物科的大小排列顺序

科和属的大小是植物区系一个重要的数量特征，而属的大小可以反映一个地区植物区系的古老性特点，依据李仁伟等（2001）对被子植物区系研究中的统计方法，根据各科在其区系中所含种的多少，保护区种子植物区系的科、属可分别划分为4个类型：多种科（≥20种）、中等类型科（11～19种）、少种科（2～10种）、单种科（1种）；多种属（≥20种）、中等类型属（11～19种）、少种属（2～10种）、单种属（表3-1）。

统计结果表明，该区多种科36科1606种，分别占该区种子植物总科数、总种数的21.18%和67.42%，单种科31科31种，分别占该区种子植物总科数、总种数的18.24%和1.30%。从科的分布水平来看，最能体现该区种子植物分布特征的是多种科，它们所包含种的数量达到了1606种，而且在这些多种科中不乏超过50种以上的大型科，如兰科Orchidaceae 51/156（属数/种数，下同）、蔷薇科Rosaceae 21/91、樟科Lauraceae 11/84、茜草科Rubiaceae 31/73、蝶形花科Papilionaceae 23/72、菊科Compositae 44/65、荨麻科Urticaceae 13/65、莎草科Cyperaceae 10/60、大戟科Euphorbiaceae 22/56、禾本科Poaceae 43/56、唇形科Labiatae 25/54、桑科Moraceae 5/53。

这些多种科成为该区植物区系的主导因素，反映出保护区植被分布格局，同时这些科的很多类群是森林群落、草地群落的优势种，在该区生态环境维持中起着极为重要的作用。

（二）科的区系特点

根据吴征镒先生对中国种子植物科的区系成分的划分原则，保护区内的野生种子植物地理分布类型详见表3-2。其中以世界分布、泛热带分布及其变型和北温带分布及其变型3种成分为主，它们分别有51科、62科和25科，分别占保护区种子植物总科数的30.00%、36.47%、14.71%。按世界分布、热带分布、温带分布3种成分划分，则分别包含51科、83科和36科，分别占该地野生种子植物总科数的30.00%、48.82%、21.18%。从该地区植物科的分布比例可以看出，保护区种子植物区系具有很明显的热带亲缘关系，其主要原因可能是本区地形复杂，地质史上的冰期对本区的影响较小，使得

表3-1 野生种子植物不同类型科属数量、比例及所包含种的数量和比例

科类型	科数	占总科数比例/%	包含种数	占总种数比例/%	属类型	属数	占总属数比例/%	包含种数	占总种数比例/%
多种科	36	21.18	1606	67.42	多种属	11	1.40	276	11.59
中等类型科	22	12.94	321	13.48	中等类型属	28	3.55	384	16.12
少种科	81	47.65	424	17.80	少种属	357	45.30	1330	55.84
单种科	31	18.24	31	1.30	单种属	392	49.75	392	16.46
合计	170	100.00	2382	100.00		788	100.00	2382	100.00

注：本书部分比例运算数据因修约，分项加和不为100；下同

表3-2 野生种子植物科的地理分布类型

序号	分布类型	科数	占总科数比例/%
1	世界分布	51	30.00
2	泛热带分布及其变型	62	36.47
3	热带亚洲和热带美洲间断分布	10	5.88
4	旧世界热带分布及其变型	4	2.35
5	热带亚洲至热带大洋洲分布及其变型	3	1.76
6	热带亚洲至热带非洲分布及其变型	2	1.18
7	热带亚洲分布及其变型	2	1.18
8	北温带分布及其变型	25	14.71
9	东亚与北美洲间断分布及其变型	6	3.53
10	旧世界温带分布及其变型	1	0.59
11	温带亚洲分布及其变型	0	0.00
12	地中海区、西亚至中亚分布及其变型	0	0.00
13	中亚分布及其变型	0	0.00
14	东亚分布及其变型	4	2.35
15	中国特有分布	0	0.00
合计		170	100.00

大量具有古热带性质的科被保留了下来。

在保护区中，缺乏温带亚洲分布及其变型，地中海区、西亚至中亚分布及其变型，中亚分布及其变型，中国特有分布类型。

1. 世界分布

世界分布类型包括几乎遍布世界各大洲而没有特殊分布中心的科，或者虽然有一个或数个分布中心而包括世界分布属的科。

保护区有世界分布51科，占总科数的30.00%，其中草本植物有38科，常见的有菊科Compositae、禾本科Poaceae、百合科Liliaceae、莎草科Cyperaceae、玄参科Scrophulariaceae、唇形科Lamiaceae、堇菜科Violaceae、苋科Amaranthaceae、藜科Chenopodiaceae等。木本植物有13科，常见的有蝶形花科Papilionaceae、绣球花科Hydrangeaceae、南鼠刺科Escalloniaceae、杨梅科Myricaceae、榆科Ulmaceae、桑科Moraceae、木犀科Oleaceae、瑞香科Thymelaeaceae等（表3-3）。

2. 泛热带分布及其变型

泛热带分布指广布于南北两半球热带。保护区有该类型62科，占该地区种子植物总科数的36.47%（表3-4）。

常见的有樟科Lauraceae、漆树科Anacardiaceae、萝藦科Asclepiadaceae、野牡丹科Melastomataceae、天南星科Araceae、荨麻科Urticaceae、卫矛科Celastraceae、芸香科Rutaceae、大戟科Euphorbiaceae、薯蓣科Dioscoreaceae、凤仙花科Balsaminaceae等，这些植物是保护区中亚热带常绿阔叶落叶混交林中的重要组成之一，也是林下草本层常见的植物。

除了正型以外，该类型还有2种变型。热带亚洲—大洋洲—热带美洲（南美洲或/和墨西哥）1科，即山矾科Symplocaceae；热带亚洲—热带非洲—热带美洲（南美洲）4科，即买麻藤科Gnetaceae、锦葵科Malvaceae、醉鱼草科Buddlejaceae、鸢尾科Iridaceae等。

3. 热带亚洲和热带美洲间断分布

这一分布类型包括间断分布于美洲和亚洲温暖

表3-3 保护区种子植物世界分布的科统计表

中文名	拉丁名	中文名	拉丁名
蔷薇科	Rosaceae	虎耳草科	Saxifragaceae
苏木科	Caesalpiniaceae	伞形科	Umbelliferae
含羞草科	Mimosaceae	菊科	Compositae
蝶形花科	Papilionaceae	茄科	Solanaceae
绣球花科	Hydrangeaceae	玄参科	Scrophulariaceae
南鼠刺科	Escalloniaceae	酢浆草科	Oxalidaceae
杨梅科	Myricaceae	紫草科	Boraginaceae
榆科	Ulmaceae	唇形科	Labiatae
桑科	Moraceae	泽泻科	Alismataceae
瑞香科	Thymelaeaceae	兰科	Orchidaceae
堇菜科	Violaceae	莎草科	Cyperaceae
远志科	Polygalaceae	禾本科	Poaceae
鼠李科	Rhamnaceae	金鱼藻科	Ceratophyllaceae
木犀科	Oleaceae	睡莲科	Nymphaeaceae
茜草科	Rubiaceae	藜科	Chenopodiaceae
厚壳树科	Ehretiaceae	柳叶菜科	Onagraceae
毛茛科	Ranunculaceae	败酱科	Valerianaceae
十字花科	Brassicaceae	桔梗科	Campanulaceae
石竹科	Caryophyllaceae	半边莲科	Lobeliaceae
蓼科	Polygonaceae	旋花科	Convolvulaceae
苋科	Amaranthaceae	狸藻科	Lentibulariaceae
千屈菜科	Lythraceae	水鳖科	Hydrocharitaceae
龙胆科	Gentianaceae	眼子菜科	Potamogetonaceae
报春花科	Primulaceae	浮萍科	Lemnaceae
车前草科	Plantaginaceae	香蒲科	Typhaceae
景天科	Crassulaceae		

注：本书采用哈钦松系统，下同

表3-4 保护区种子植物泛热带分布及其变型的科统计表

中文名	拉丁名	中文名	拉丁名
罗汉松科	Podocarpaceae	杠柳科	Periplocaceae
番荔枝科	Annonaceae	萝藦科	Asclepiadaceae
樟科	Lauraceae	紫葳科	Bignoniaceae
荨麻科	Urticaceae	防己科	Menispermaceae
大风子科	Flacourtiaceae	马兜铃科	Aristolochiaceae
天料木科	Samydaceae	胡椒科	Piperaceae
葫芦科	Cucurbitaceae	金粟兰科	Chloranthaceae
秋海棠科	Begoniaceae	爵床科	Acanthaceae
椴树科	Tiliaceae	凤仙花科	Balsaminaceae
梧桐科	Sterculiaceae	天南星科	Araceae
大戟科	Euphorbiaceae	薯蓣科	Dioscoreaceae
山茶科	Theaceae	棕榈科	Palmaceae
金丝桃科	Hypericaceae	商陆科	Phytolaccaceae
藤黄科	Clusiaceae	山龙眼科	Proteaceae
桃金娘科	Myrtaceae	西番莲科	Passifloraceae
茶茱萸科	Icacinaceae	野牡丹科	Melastomataceae
卫矛科	Celastraceae	使君子科	Combretaceae
翅子藤科	Hippocrateaceae	古柯科	Erythroxylaceae
赤苍藤科	Erythropalaceae	蛇菰科	Balanophoraceae
铁青树科	Olacaceae	鸭跖草科	Commelinaceae
桑寄生科	Loranthaceae	竹芋科	Marantaceae
葡萄科	Vitaceae	雨久花科	Pontederiaceae
紫金牛科	Myrsinaceae	石蒜科	Amaryllidaceae
柿树科	Ebenaceae	仙茅科	Hypoxidaceae
山榄科	Sapotaceae	蒟蒻薯科	Taccaceae
芸香科	Rutaceae	水玉簪科	Burmanniaceae
苦木科	Simaroubaceae	山矾科	Symplocaceae
楝科	Meliaceae	买麻藤科	Gnetaceae
无患子科	Sapindaceae	锦葵科	Malvaceae
漆树科	Anacardiaceae	醉鱼草科	Buddlejaceae
夹竹桃科	Apocynaceae	鸢尾科	Iridaceae

地区的热带科。保护区有该类型10科，占该地区植物区系总科数的5.88%，包括安息香科Styracaceae、五加科Araliaceae、杜英科Elaeocarpaceae、冬青科Aquifoliaceae、七叶树科Hippocastanaceae、省沽油科Staphyleaceae、马鞭草科Verbenaceae、木通科Lardizabalaceae、苦苣苔科Gesneriaceae、山柳科Clethraceae等。

4. 旧世界热带分布及其变型

这一分布类型是指分布于亚洲、非洲和大洋洲热带地区及其邻近岛屿（常称为古热带）的类型，以与美洲新大陆热带分布类型相区别。保护区有该类型4科，它们是八角枫科Alangiaceae、海桐花科Pittosporaceae、芭蕉科Musaceae、露兜树科Pandanaceae。

5. 热带亚洲至热带大洋洲分布及其变型

这一分布类型分布于旧世界热带分布区的东翼，其西端有时可到达马达加斯加，但一般不到非洲大陆。保护区有该类型3科，它们是交让木科Daphniphyllaceae、姜科Zingiberaceae、马钱科Loganiaceae。

6. 热带亚洲至热带非洲分布及其变型

这一分布类型是旧世界热带分布类型的西翼，即从热带非洲至印度—马来西亚，特别是其西部（西马来西亚），有的科也分布到斐济等南太平洋岛屿，但不见于澳大利亚大陆。保护区有该类型2科，它们是杜鹃花科Ericaceae、越橘科Vacciniaceae。

7. 热带亚洲分布及其变型

这一分布类型分布于旧世界热带的中心部分，包括印度、斯里兰卡、中南半岛、印度尼西亚、加里曼丹、菲律宾及新几内亚等。保护区有该类型2科，它们是清风藤科Sabiaceae、大血藤科Sargentodoxaceae。

8. 北温带分布及其变型

这一分布类型广泛分布于欧洲、亚洲和北美洲温带地区。保护区北温带分布及其变型有25科，占该地区种子植物总科数的14.71%，该类型主要有以下4个类型。

北温带广布类型有5科，包括松科Pinaceae、忍冬科Caprifoliaceae、百合科Liliaceae、延龄草科Trilliaceae、菝葜科Smilacaceae。

北温带和南温带间断分布类型有17科，包括柏科Cupresaceae、杉科Taxodiaceae、红豆杉科Taxaceae、山茱萸科Cornaceae、金缕梅科Hamamelidaceae、黄杨科Buxaceae、杨柳科Salicaceae、桦木科Betulaceae、壳斗科Fagaceae、榛科Corylaceae、胡桃科Juglandaceae、亚麻科Linaceae、胡颓子科Elaeagnaceae、槭树科Aceraceae、罂粟科Papaveraceae、牻牛儿苗科Geraniaceae、灯心草科Juncaceae。

欧亚和南美洲温带间断分布类型有2科，即小檗科Berberidaceae和鬼臼科Podophyllaceae。

地中海、东亚、新西兰和墨西哥—智利间断分布类型有1科，即马桑科Coriariaceae。

9. 东亚与北美洲间断分布及其变型

这一分布类型间断分布于东亚和北美洲温带及亚热带地区。保护区有该类型6科，它们是木兰科Magnoliaceae、五味子科Schisandraceae、八角科Illiciaceae、蓝果树科Nyssaceae、三白草科Saururaceae、透骨草科Phrymaceae。

10. 旧世界温带分布及其变型

这一分布类型一般广泛分布于欧洲、亚洲中高纬度的温带和寒温带，或者最多有个别种延伸到亚洲—非洲热带山地甚至澳大利亚。在保护区种子植物区系中，旧世界温带分布型有1科，即川续断科Dipsacaceae。

11. 东亚分布及其变型

该分布类型是指从东喜马拉雅一直分布到日本的科。保护区有该类型4科，包括猕猴桃科Actinidiaceae、水东哥科Saurauiaceae、旌节花科Stachyuraceae、三尖杉科Cephalotaxaceae。

（三）科的区系小结

从这些科的分布类型来看，既有世界性广布的科，也有以温带和热带分布为主的科，而以泛热带分布及其变型的科居首位（62科，占总科数的36.47%），其次是世界分布科（51科，占总科数的30.00%）。两者合计共占总科数的66.47%，构成了保护区野生种子植物区系科级组成的主体。在区系成分上，除世界性分布的51科外，在科级水平上，以热带分布为主的科有83科，占总科数的48.82%；以温带分布为主的科有36科，占总科数的21.18%，该植物区系表现出一定的热带性质。科级水平的热带性质反映了保护区野生植物区系起源和形成有十分久远的古热带渊源。

二、野生种子植物属的区系分析

（一）属的分布情况

植物区系属的分布型分析比较科学，更具体地反映植物的演化扩展过程、区域分异及地理特征。根据表3-1可知，该区域单种属392属392种，分别占该区种子植物总属数、总种数的49.75%和16.46%，少种属357属1330种，分别占该区种子植物总属数、总种数的45.30%和55.84%。单种属和少种属是保护区植物的主体。

根据吴征镒对种子植物属的分布类型划分方法，保护区的788属野生种子植物可分为15种分布类型，各分布类型的属数分布情况如表3-5所示。

（二）属的区系特点

1. 世界分布

该分布遍及全世界，包括没有固定分布中心的属。保护区有世界分布53属，占该区种子植物总属数的6.73%。其中木本植物有5属，即悬钩子属*Rubus*、铁线莲属*Clematis*、卫矛属*Euonymus*、槐属*Sophora*、鼠李属*Rhamnus*；草本植物有48属，如毛茛属*Ranunculus*、碎米荠属*Cardamine*、荠属*Capsella*、蔊菜属*Rorippa*、繁缕属*Stellaria*、蓼属*Polygonum*、酸模属*Rumex*、水苋菜属*Ammannia*、龙胆属*Gentiana*、珍珠菜属*Lysimachia*、水茴草属*Samolus*、车前属*Plantago*、变豆菜属*Sanicula*、鼠曲草属*Pseudognaphalium*、千里光属*Senecio*、蒿属*Artemisia*、鬼针草属*Bidens*、苍耳属*Xanthium*、茄属*Solanum*、酸浆属*Physalis*、老鹳草属*Geranium*、酢浆草属*Oxalis*、鼠尾草属*Salvia*等。这些属是保护区分布较为普遍的种类，也是该区植被的主要组成成分。这些世界性广布属难以反映本地的区系地理特征，因此在区系统计分析中未计入其中。

2. 泛热带分布及其变型

该类型包括普遍分布于东、西两半球热带以及在全世界热带范围有一个或数个分布中心，但在其他地区也有一些种类分布的热带属。保护区有该分布类型133属，占该区种子植物总属数的16.88%。其中木本植物有68属，如罗汉松属*Podocarpus*、买麻藤属*Gnetum*、琼楠属*Beilschmiedia*、厚壳桂属*Cryptocarya*、桂樱属*Laurocerasus*、羊蹄甲属*Bauhinia*、云实属*Caesalpinia*、金合欢属*Acacia*、合欢属*Albizia*、黄檀属*Dalbergia*、鱼藤属*Derris*、木蓝属*Indigofera*、崖豆藤属*Millettia*、

表3-5 野生种子植物属的地理分布类型

序号	分布类型	属数	占总属数比例/%
1	世界分布	53	6.73
2	泛热带分布及其变型	133	16.88
3	热带亚洲和热带美洲间断分布	21	2.66
4	旧世界热带分布及其变型	60	7.61
5	热带亚洲至热带大洋洲分布及其变型	66	8.38
6	热带亚洲至热带非洲分布及其变型	29	3.68
7	热带亚洲分布及其变型	137	17.39
8	北温带分布及其变型	97	12.31
9	东亚与北美洲间断分布及其变型	45	5.71
10	旧世界温带分布及其变型	36	4.57
11	温带亚洲分布及其变型	4	0.51
12	地中海区、西亚至中亚分布及其变型	4	0.51
13	中亚分布及其变型	0	0.00
14	东亚分布及其变型	81	10.28
15	中国特有分布	22	2.79
合计		788	100.00

油麻藤属*Mucuna*、猪屎豆属*Crotalaria*、鹿藿属*Rhynchosia*、山矾属*Symplocos*、鹅掌柴属*Schefflera*、朴属*Celtis*、山黄麻属*Trema*、糙叶树属*Aphananthe*、榕属*Ficus*、雾水葛属*Pouzolzia*、柞木属*Xylosma*、嘉赐树属*Casearia*、刺蒴麻属*Triumfetta*、黄麻属*Corchorus*、苹婆属*Sterculia*、木槿属*Hibiscus*、梵天花属*Urena*、黄花稔属*Sida*、叶下珠属*Phyllanthus*、巴豆属*Croton*、山麻秆属*Alchornea*、核果木属*Drypetes*、乌桕属*Sapium*等，是该地主要的乔木层和灌木层植被。

草本植物有65属，如冷水花属*Pilea*、耳草属*Hedyotis*、凤仙花属*Impatiens*、苎麻属*Boehmeria*、半边莲属*Lobelia*、马唐属*Digitaria*、秋海棠属*Begonia*、虾脊兰属*Calanthe*、鸭嘴草属*Ischaemum*、母草属*Lindernia*、飘拂草属*Fimbristylis*、求米草属*Oplismenus*、雀稗属*Paspalum*、黍属*Panicum*、地胆草属*Elephantopus*、丁香蓼属*Ludwigia*等，均是保护区林下植物的主要组成部分（表3-6）。保护区喀斯特山地小气候使这些热带分布的类型向亚热带和温带扩展分布得到了充分的发展。

在该类型中，冬青属*Ilex* 11种，世界分布400种以上，分布于两半球的热带、亚热带至温带地区，主要产于中南美洲和亚洲热带。我国有200余种，分布于秦岭南坡、长江流域及其以南广大地区，而以西南和华南最多。花椒属*Zanthoxylum* 7种，世界分布约有250种，广布于亚洲、非洲、大洋洲、北美洲的热带和亚热带地区，温带较少。我国有39种14变种，自辽东半岛至海南岛，自台湾至西藏东南部均有分布。山矾属*Symplocos* 2种，世界分布350种，分布于亚洲、大洋洲、美洲的热带和亚热带地区，我国有80余种，主要分布于西南部至东南部，以西南部的种类较多，东北部仅1种。区内常见的草本植物有凤仙花属*Impatiens* 5种，世界分布500种，广布于全球热带地区，也见于东亚和北美的温暖地区，中国分布180种，大多数分布于长江以南各省区。薯蓣属*Dioscorea* 11种，世界分布600多种，广布于热带及温带地区，我国有49种，主产西南部和东南部，北部较少。

表3-6 保护区种子植物泛热带分布及其变型的属统计表

中文名	拉丁名	中文名	拉丁名
罗汉松属	*Podocarpus*	巴戟天属	*Morinda*
买麻藤属	*Gnetum*	耳草属	*Hedyotis*
琼楠属	*Beilschmiedia*	厚壳树属	*Ehretia*
厚壳桂属	*Cryptocarya*	紫珠属	*Callicarpa*
桂樱属	*Laurocerasus*	大青属	*Clerodendrum*
羊蹄甲属	*Bauhinia*	牡荆属	*Vitex*
云实属	*Caesalpinia*	马鞭草属	*Verbena*
金合欢属	*Acacia*	木防己属	*Cocculus*
合欢属	*Albizia*	马兜铃属	*Aristolochia*
黄檀属	*Dalbergia*	胡椒属	*Piper*
鱼藤属	*Derris*	草胡椒属	*Peperomia*
木蓝属	*Indigofera*	青葙属	*Celosia*
鸡血藤属	*Callerya*	节节菜属	*Rotala*
油麻藤属	*Mucuna*	天胡荽属	*Hydrocotyle*
猪屎豆属	*Crotalaria*	地胆草属	*Elephantopus*
崖豆藤属	*Millettia*	斑鸠菊属	*Vernonia*
鹿藿属	*Rhynchosia*	百能葳属	*Blainvillea*
豇豆属	*Vigna*	鳢肠属	*Eclipta*
山矾属	*Symplocos*	豨莶属	*Sigesbeckia*
鹅掌柴属	*Schefflera*	母草属	*Lindernia*
朴属	*Celtis*	驳骨草属	*Gendarussa*
山黄麻属	*Trema*	水蓑衣属	*Hygrophila*
糙叶树属	*Aphananthe*	凤仙花属	*Impatiens*
榕属	*Ficus*	山菅属	*Dianella*
艾麻属	*Laportea*	菝葜属	*Smilax*
冷水花属	*Pilea*	薯蓣属	*Dioscorea*
苎麻属	*Boehmeria*	石豆兰属	*Bulbophyllum*
雾水葛属	*Pouzolzia*	虾脊兰属	*Calanthe*
柞木属	*Xylosma*	船唇兰属	*Stauropsis*
嘉赐树属	*Casearia*	香荚兰属	*Vanilla*
秋海棠属	*Begonia*	克拉莎属	*Cladium*
刺蒴麻属	*Triumfetta*	飘拂草属	*Fimbristylis*
黄麻属	*Corchorus*	扁莎属	*Pycreus*
苹婆属	*Sterculia*	水葱属	*Schoenoplectus*

（续表）

中文名	拉丁名	中文名	拉丁名
木槿属	*Hibiscus*	狗尾草属	*Setaria*
梵天花属	*Urena*	稗属	*Echinochloa*
黄花稔属	*Sida*	䅟属	*Eleusine*
叶下珠属	*Phyllanthus*	画眉草属	*Eragrostis*
巴豆属	*Croton*	柳叶箬属	*Isachne*
山麻杆属	*Alchornea*	鸭嘴草属	*Ischaemum*
核果木属	*Drypetes*	假稻属	*Leersia*
乌桕属	*Sapium*	求米草属	*Oplismenus*
算盘子属	*Glochidion*	雀稗属	*Paspalum*
铁苋菜属	*Acalypha*	狼尾草属	*Pennisetum*
棒柄花属	*Cleidion*	芦苇属	*Phragmites*
厚皮香属	*Ternstroemia*	甘蔗属	*Saccharum*
冬青属	*Ilex*	鼠尾粟属	*Sporobolus*
南蛇藤属	*Celastrus*	野古草属	*Arundinella*
核子木属	*Perrottetia*	黄茅属	*Heteropogon*
五层龙属	*Salacia*	商陆属	*Phytolacca*
枣属	*Ziziphus*	丁香蓼属	*Ludwigia*
咀签属	*Gouania*	西番莲属	*Passiflora*
白粉藤属	*Cissus*	风车子属	*Combretum*
紫金牛属	*Ardisia*	古柯属	*Erythroxylum*
密花树属	*Rapanea*	半边莲属	*Lobelia*
柿属	*Diospyros*	铜锤玉带草属	*Pratia*
花椒属	*Zanthoxylum*	菟丝子属	*Cuscuta*
度量草属	*Mitreola*	番薯属	*Ipomoea*
醉鱼草属	*Buddleja*	鱼黄草属	*Merremia*
素馨属	*Jasminum*	鸭跖草属	*Commelina*
萝芙木属	*Rauvolfia*	杜若属	*Pollia*
李榄属	*Linociera*	文殊兰属	*Crinum*
牛奶菜属	*Marsdenia*	仙茅属	*Curculigo*
鲫鱼藤属	*Secamone*	小金梅草属	*Hypoxis*
龙船花属	*Ixora*	水玉簪属	*Burmannia*
粗叶木属	*Lasianthus*	钩藤属	*Uncaria*
九节属	*Psychotria*		

综上所述，该分布类型的特点是：①以灌木层或藤状木本植物为多数，乔木层树种较少；②草本植物多数是林下耐阴植物，也有生于荒坡、草丛或湿地的植物。

3. 热带亚洲和热带美洲间断分布

该分布类型在热带美洲和温带亚洲地区间断分布，但在东半球亚洲地区，可延伸到澳大利亚东北部或西南太平洋岛屿等。从古地理资料分析：热带美洲或南美洲，原来位于古南大陆西翼，中生代晚期与非洲分离。由于古南大陆的解体及几个板块向北部欧亚大陆漂移，促使这些古老的属向亚洲热带侵入，形成间断分布属，它们起源于古南大陆。保护区中该分布类型有21属，占该区种子植物总属数的2.66%（表3-7）。

该分布全部是木本植物属，没有草本植物属，其中木姜子属*Litsea*、柃木属*Eurya*、苦树属*Picrasma*、樟属*Cinnamomum*、木姜子属*Litsea*、泡花树属*Meliosma*等为该地常见森林植物，其中很多种类是本林区植被的建群种和重要的组成成分。

4. 旧世界热带分布及其变型

旧世界热带又称古热带，其分布范围包括亚洲、非洲热带地区，太平洋及其邻近的岛屿。保护区中该分布类型有60属，占该区种子植物总属数的7.61%（表3-8）。

该类型属较多，如楼梯草属*Elatostema*、海桐花属*Pittosporum*、艾纳香属*Blumea*、酸藤子属*Embelia*、乌口树属*Tarenna*、乌蔹莓属*Cayratia*、五月茶属*Antidesma*等，其中有一个变型，即热带亚洲、非洲和大洋洲间断或星散分布变型，有1属，即爵床属*Justicia*，是保护区林下植物。

该分布类型的植物多见于林下灌木丛中或林缘、林中空地，如野桐属*Mallotus*多见于林缘、灌木丛中；林下灌木还有栀子属*Gardenia*、杜茎山属*Maesa*、吊灯花属*Ceropegia*、豆腐柴属*Premna*等，草本植物有天门冬属*Asparagus*、香茶菜属*Rabdosia*、艾纳香属*Blumea*、一点红属*Emilia*、细柄草属*Capillipedium*、楼梯草属*Elatostema*等，多见于林下湿地或水沟边。

该分布类型的特点：①木本植物以灌木为主，为较耐阴植物；②该分布属的种系多为中国或东亚特有，分布于长江以南的华中、华南、西南，个别种北至我国陕西、山西或延伸到印度或越南。

5. 热带亚洲至热带大洋洲分布及其变型

该分布类型位于旧世界热带东部，其西端有时可到达马达加斯加，但一般不到非洲大陆。保护区中该分布类型有66属，占该区种子植物总属数的8.38%。乔木层有猫乳属*Rhamnella*、香椿属*Toona*、臭椿属*Ailanthus*等，是该地区亚热带常绿阔叶和常绿落叶阔叶混交林的重要组成成分，苞舌兰属*Spathoglottis*、淡竹叶属*Lophatherum*、隔距兰属*Cleisostoma*、海芋属*Alocasia*、姜属*Zingiber*、阔蕊兰属*Peristylus*、毛兰属*Eria*、通泉草属*Mazus*、蜈蚣草属*Eremochloa*等是保护区林下主要植被种类（表3-9）。

表3-7　保护区种子植物热带亚洲和热带美洲间断分布的属统计表

中文名	拉丁名	中文名	拉丁名
樟属	*Cinnamomum*	假卫矛属	*Microtropis*
木姜子属	*Litsea*	青皮木属	*Schoepfia*
红豆树属	*Ormosia*	雀梅藤属	*Sageretia*
安息香属	*Styrax*	苦树属	*Picrasma*
树参属	*Dendropanax*	泡花树属	*Meliosma*
黄杞属	*Engelhardtia*	山香圆属	*Turpinia*
猴欢喜属	*Sloanea*	蟛蜞菊属	*Wedelia*
柃木属	*Eurya*	红丝线属	*Lycianthes*
大头茶属	*Gordonia*	竹茎兰属	*Tropidia*
水东哥属	*Saurauia*	桤叶树属	*Clethra*
白珠树属	*Gaultheria*		

表3-8　保护区种子植物旧世界热带分布及其变型的属统计表

中文名	拉丁名	中文名	拉丁名
鹰爪花属	*Artabotrys*	乌口树属	*Tarenna*
暗罗属	*Polyalthia*	栀子属	*Gardenia*
紫玉盘属	*Uvaria*	石梓属	*Gmelina*
山黑豆属	*Dumasia*	豆腐柴属	*Premna*
八角枫属	*Alangium*	青牛胆属	*Tinospora*
楼梯草属	*Elatostema*	千金藤属	*Stephania*
海桐花属	*Pittosporum*	牛膝属	*Achyranthes*
毒瓜属	*Diplocyclos*	白花苋属	*Aerva*
苦瓜属	*Momordica*	穿心草属	*Canscora*
马㼎儿属	*Zehneria*	艾纳香属	*Blumea*
扁担杆属	*Grewia*	鱼眼草属	*Dichrocephala*
秋葵属	*Abelmoschus*	一点红属	*Emilia*
野桐属	*Mallotus*	菊三七属	*Gynura*
五月茶属	*Antidesma*	蝴蝶草属	*Torenia*
白饭树属	*Flueggea*	白接骨属	*Asystasiella*
血桐属	*Macaranga*	野靛棵属	*Mananthes*
蒲桃属	*Syzygium*	爵床属	*Justicia*
槲寄生属	*Viscum*	天门冬属	*Asparagus*
翼核果属	*Ventilago*	露兜树属	*Pandanus*
乌蔹莓属	*Cayratia*	鸢尾兰属	*Oberonia*
酸藤子属	*Embelia*	芋兰属	*Nervilia*
杜茎山属	*Maesa*	簕竹属	*Bambusa*
黄皮属	*Clausena*	菅属	*Themeda*
楝属	*Melia*	荩草属	*Arthraxon*
倒吊笔属	*Wrightia*	细柄草属	*Capillipedium*
娃儿藤属	*Tylophora*	谷木属	*Memecylon*
弓果藤属	*Toxocarpus*	金锦香属	*Osbeckia*
吊灯花属	*Ceropegia*	蓝耳草属	*Cyanotis*
白叶藤属	*Cryptolepis*	水竹叶属	*Murdannia*
大沙叶属	*Pavetta*	雨久花属	*Monochoria*

表3-9 保护区种子植物热带亚洲至热带大洋洲分布及其变型的属统计表

中文名	拉丁名	中文名	拉丁名
瓜馥木属	*Fissitigma*	新乌檀属	*Neonauclea*
野独活属	*Miliusa*	夜花藤属	*Hypserpa*
新木姜子属	*Neolitsea*	紫薇属	*Lagerstroemia*
围涎树属	*Pithecellobium*	通泉草属	*Mazus*
猴耳环属	*Abarema*	旋蒴苣苔属	*Boea*
假木豆属	*Dendrolobium*	广防风属	*Anisomeles*
梁王茶属	*Metapanax*	芭蕉属	*Musa*
波罗蜜属	*Artocarpus*	山姜属	*Alpinia*
火麻树属	*Dendrocnide*	姜属	*Zingiber*
糯米团属	*Gonostegia*	海芋属	*Alocasia*
荛花属	*Wikstroemia*	石柑属	*Pothos*
栝楼属	*Trichosanthes*	兰属	*Cymbidium*
杜英属	*Elaeocarpus*	石斛属	*Dendrobium*
雀舌木属	*Leptopus*	毛兰属	*Eria*
守宫木属	*Sauropus*	鹤顶兰属	*Phaius*
黑面神属	*Breynia*	馥兰属	*Phreatia*
雀舌木属	*Leptopus*	带唇兰属	*Tainia*
桃金娘属	*Rhodomyrtus*	石仙桃属	*Pholidota*
粗丝木属	*Gomphandra*	苞舌兰属	*Spathoglottis*
苞叶木属	*Chaydaia*	粉口兰属	*Pachystoma*
崖爬藤属	*Tetrastigma*	万代兰属	*Vanda*
紫荆木属	*Madhuca*	隔距兰属	*Cleisostoma*
吴茱萸属	*Euodia*	金石斛属	*Flickingeria*
四数花属	*Tetradium*	阔蕊兰属	*Peristylus*
小芸木属	*Micromelum*	开唇兰属	*Anoectochilus*
山小橘属	*Glycosmis*	异型兰属	*Chiloschista*
蜜茱萸属	*Melicope*	套叶兰属	*Hippeophyllum*
臭椿属	*Ailanthus*	淡竹叶属	*Lophatherum*
香椿属	*Toona*	山龙眼属	*Helicia*
尖帽草属	*Mitrasacme*	野牡丹属	*Melastoma*
链珠藤属	*Alyxia*	蛇菰属	*Balanophora*
山橙属	*Melodinus*	丁公藤属	*Erycibe*
醉魂藤属	*Heterostemma*	新耳草属	*Neanotis*

6. **热带亚洲至热带非洲分布及其变型**

该分布类型位于旧世界西部，通常是指从热带非洲到印度—马来西亚的分布类型，也有些属分布到斐济等南太平洋岛屿；保护区有29属，占该区种子植物总属数的3.68%（表3-10）。

该分布类型的特点是：①从系统发育上看，木本植物为原始类型，但缺少乔木种类，灌木有铁仔属*Myrsine*、狗骨柴属*Diplospora*、杨桐属*Adinandra*、玉叶金花属*Mussaenda*；攀缘植物有藤黄属*Garcinia*、老虎刺属*Pterolobium*、尖槐藤属*Oxystelma*、南山藤属*Dregea*、纤冠藤属*Gongronema*等。②草本植物有大丁草属*Leibnitzia*、马蓝属*Strobilanthes*、观音草属*Peristrophe*、盾座苣苔属*Epithema*、香茶菜属*Rabdosia*、姜花属*Hedychium*、脆兰属*Acampe*、芒属*Miscanthus*等。

7. **热带亚洲分布及其变型**

该分布类型的分布区以旧世界热带为中心，范围包括印度、斯里兰卡、中南半岛、印度尼西亚、加里曼丹、菲律宾及新几内亚，东到斐济等太平洋岛屿，不到澳大利亚，北到我国华南和西南。保护区有137属，占该区种子植物总属数的17.39%（表3-11）。

热带亚洲保存着许多第三纪古热带植物区系的后裔或残遗，其中有不少是古老或原始、单型属和少型属或多型属，保护区中有润楠属*Machilus*、南五味子属*Kadsura*、山茶属*Camellia*、含笑属*Michelia*、木莲属*Manglietia*等，它们起源于第三纪古热带。很多属都直接分布到热带和亚热带，如穗花杉属*Amentotaxus*、翠柏属*Calocedrus*、构属*Broussonetia*、大苞寄生属*Tolypanthus*、虎皮楠属*Daphniphyllum*等。

保护区该分布类型的特点是：热带亚洲分布类型的属数较多，是森林和林下植物的主要组成部分，这些属与热带类型的联系非常紧密，从亚热带到温带都有自己的代表种，由此可见，保护区种子植物与热带性质联系都较密切，体现了保护区特殊的喀斯特地貌上的植物特点。

8. **北温带分布及其变型**

北温带分布主要指广布于欧洲、亚洲和北美洲温带地区的属；保护区有97属，占该区种子植物总属数的12.31%。该分布类型的种类是保护区种子植物区系的重要组成，也是该地区常绿落叶阔叶混交林的主要成分，其中含10种以上的属有樱属*Cerasus*、蔷薇属*Rosa*、栎属*Quercus*、槭属*Acer*、忍冬属*Lonicera*、荚蒾属*Viburnum*等（表3-12）。

表3-10　保护区种子植物热带亚洲至热带非洲分布及其变型的属统计表

中文名	拉丁名	中文名	拉丁名
老虎刺属	*Pterolobium*	土连翘属	*Hymenodictyon*
水麻属	*Debregeasia*	玉叶金花属	*Mussaenda*
假楼梯草属	*Lecanthus*	狗骨柴属	*Tricalysia*
藤麻属	*Procris*	大丁草属	*Leibnitzia*
土蜜树属	*Bridelia*	马蓝属	*Strobilanthes*
杨桐属	*Adinandra*	观音草属	*Peristrophe*
藤黄属	*Garcinia*	盾座苣苔属	*Epithema*
微花藤属	*Iodes*	香茶菜属	*Rabdosia*
离瓣寄生属	*Helixanthera*	姜花属	*Hedychium*
铁仔属	*Myrsine*	崖角藤属	*Rhaphidophora*
飞龙掌血属	*Toddalia*	脆兰属	*Acampe*
杠柳属	*Periploca*	芒属	*Miscanthus*
尖槐藤属	*Oxystelma*	莠竹属	*Microstegium*
南山藤属	*Dregea*	穿鞘花属	*Amischotolype*
纤冠藤属	*Gongronema*		

表3-11 保护区种子植物热带亚洲分布及其变型的属统计表

中文名	拉丁名	中文名	拉丁名
翠柏属	*Calocedrus*	毛药藤属	*Sindechites*
福建柏属	*Fokienia*	香花藤属	*Aganosma*
穗花杉属	*Amentotaxus*	水壶藤属	*Urceola*
单性木兰属	*Kmeria*	球兰属	*Hoya*
木莲属	*Manglietia*	石萝藦属	*Pentasachme*
含笑属	*Michelia*	香果树属	*Emmenopterys*
南五味子属	*Kadsura*	密脉木属	*Myrioneuron*
哥纳香属	*Goniothalamus*	腺萼木属	*Mycetia*
黄肉楠属	*Actinodaphne*	蛇根草属	*Ophiorrhiza*
油丹属	*Alseodaphne*	鸡矢藤属	*Paederia*
润楠属	*Machilus*	山黄皮属	*Randia*
赛楠属	*Nothaphoebe*	黄棉木属	*Metadina*
楠属	*Phoebe*	菜豆树属	*Radermachera*
枇杷属	*Eriobotrya*	大血藤属	*Sargentodoxa*
石斑木属	*Raphiolepis*	轮环藤属	*Cyclea*
蛇莓属	*Duchesnea*	秤钩风属	*Diploclisia*
臀果木属	*Pygeum*	细圆藤属	*Pericampylus*
红果树属	*Stranvaesia*	金粟兰属	*Chloranthus*
任豆属	*Zenia*	草珊瑚属	*Sarcandra*
山豆根属	*Euchresta*	藤菊属	*Cissampelopsis*
葛属	*Pueraria*	苦荬菜属	*Ixeris*
常山属	*Dichroa*	来江藤属	*Brandisia*
赤杨叶属	*Alniphyllum*	火焰花属	*Phlogacanthus*
山茉莉属	*Huodendron*	穿心莲属	*Andrographis*
单室茱萸属	*Mastixia*	恋岩花属	*Echinacanthus*
罗伞属	*Brassaiopsis*	唇柱苣苔属	*Chirita*
掌叶树属	*Euaraliopsis*	芒毛苣苔属	*Aeschynanthus*
刺通草属	*Trevesia*	蛛毛苣苔属	*Paraboea*
蚊母树属	*Distylium*	石蝴蝶属	*Petrocosmea*
水丝梨属	*Sycopsis*	盾果草属	*Thyrocarpus*
蕈树属	*Altingia*	锥花属	*Gomphostemma*
假蚊母树属	*Distyliopsis*	假糙苏属	*Paraphlomis*
马蹄荷属	*Exbucklandia*	冠唇花属	*Microtoena*
蓬莱葛属	*Gardneria*	红花荷属	*Rhodoleia*

（续表）

中文名	拉丁名	中文名	拉丁名
野扇花属	*Sarcococca*	石荠苎属	*Mosla*
虎皮楠属	*Daphniphyllum*	球子草属	*Peliosanthes*
青冈属	*Cyclobalanopsis*	肖菝葜属	*Heterosmilax*
喙核桃属	*Annamocarya*	麒麟尾属	*Epipremnum*
构属	*Broussonetia*	雷公连属	*Amydrium*
紫麻属	*Oreocnide*	省藤属	*Calamus*
赤车属	*Pellionia*	棕竹属	*Rhapis*
山桂花属	*Bennettiodendron*	石山棕属	*Guihaia*
栀子皮属	*Itoa*	山槟榔属	*Pinanga*
山羊角树属	*Carrierea*	钗子股属	*Luisia*
绞股蓝属	*Gynostemma*	兜兰属	*Paphiopedilum*
赤瓟属	*Thladiantha*	曲唇兰属	*Panisea*
梭罗树属	*Reevesia*	竹叶兰属	*Arundina*
翅子树属	*Pterospermum*	盆距兰属	*Gastrochilus*
青篱柴属	*Tirpitzia*	坛花兰属	*Acanthephippium*
珠子木属	*Phyllanthodendron*	羽唇兰属	*Ornithochilus*
秋枫属	*Bischofia*	叉缘兰属	*Uncifera*
山茶属	*Camellia*	独蒜兰属	*Pleione*
木荷属	*Schima*	贝母兰属	*Coelogyne*
子楝树属	*Decaspermum*	白蝶兰属	*Pecteilis*
定心藤属	*Mappianthus*	菱兰属	*Rhomboda*
赤苍藤属	*Erythropalum*	悬竹属	*Ampelocalamus*
大苞寄生属	*Tolypanthus*	牡竹属	*Dendrocalamus*
鞘花属	*Macrosolen*	大节竹属	*Indosasa*
梨果寄生属	*Scurrula*	薏苡属	*Coix*
钝果寄生属	*Taxillus*	金发草属	*Pogonatherum*
铁榄属	*Sinosideroxylon*	粽叶芦属	*Thysanolaena*
肉实树属	*Sarcosperma*	柏拉木属	*Blastus*
柑橘属	*Citrus*	尖子木属	*Oxyspora*
九里香属	*Murraya*	锦香草属	*Phyllagathis*
山楝属	*Aphanamixis*	轮钟草属	*Cyclocodon*
浆果楝属	*Cipadessa*	飞蛾藤属	*Dinetus*
麻楝属	*Chukrasia*	柊叶属	*Phrynium*
黄梨木属	*Boniodendron*	裂果薯属	*Schizocapsa*
清风藤属	*Sabia*		

表3-12 保护区种子植物北温带分布及其变型的属统计表

中文名	拉丁名	中文名	拉丁名
松属	*Pinus*	何首乌属	*Fallopia*
柏木属	*Cupressus*	獐牙菜属	*Swertia*
红豆杉属	*Taxus*	点地梅属	*Androsace*
马桑属	*Coriaria*	报春花属	*Primula*
樱属	*Cerasus*	景天属	*Sedum*
委陵菜属	*Potentilla*	虎耳草属	*Saxifraga*
蔷薇属	*Rosa*	金腰属	*Chrysosplenium*
花楸属	*Sorbus*	梅花草属	*Parnassia*
绣线菊属	*Spiraea*	鸭儿芹属	*Cryptotaenia*
龙牙草属	*Agrimonia*	藁本属	*Ligusticum*
路边青属	*Geum*	茴芹属	*Pimpinella*
李属	*Prunus*	水芹属	*Oenanthe*
长柄山蚂蝗属	*Podocarpium*	紫菀属	*Aster*
野豌豆属	*Vicia*	蓟属	*Cirsium*
梾木属	*Swida*	刺儿菜属	*Cephalonoplos*
忍冬属	*Lonicera*	还阳参属	*Crepis*
荚蒾属	*Viburnum*	泽兰属	*Eupatorium*
接骨木属	*Sambucus*	马兰属	*Kalimeris*
黄杨属	*Buxus*	蜂斗菜属	*Petasites*
杨属	*Populus*	一枝黄花属	*Solidago*
柳属	*Salix*	蒲公英属	*Taraxacum*
杨梅属	*Myrica*	枸杞属	*Lycium*
桦木属	*Betula*	婆婆纳属	*Veronica*
桤木属	*Alnus*	琉璃草属	*Cynoglossum*
栎属	*Quercus*	紫草属	*Lithospermum*
鹅耳枥属	*Carpinus*	风轮菜属	*Clinopodium*
榛属	*Corylus*	夏枯草属	*Prunella*
铁木属	*Ostrya*	香科科属	*Teucrium*
榆属	*Ulmus*	薄荷属	*Mentha*
桑属	*Morus*	泽泻属	*Alisma*
瑞香属	*Daphne*	黄精属	*Polygonatum*
椴树属	*Tilia*	葱属	*Allium*
杜鹃花属	*Rhododendron*	百合属	*Lilium*
越橘属	*Vaccinium*	菖蒲属	*Acorus*

（续表）

中文名	拉丁名	中文名	拉丁名
胡颓子属	*Elaeagnus*	天南星属	*Arisaema*
葡萄属	*Vitis*	鸢尾属	*Iris*
盐麸木属	*Rhus*	绶草属	*Spiranthes*
槭属	*Acer*	玉凤花属	*Habenaria*
七叶树属	*Aesculus*	斑叶兰属	*Goodyera*
省沽油属	*Staphylea*	珊瑚兰属	*Corallorrhiza*
白蜡树属	*Fraxinus*	看麦娘属	*Alopecurus*
茜草属	*Rubia*	披碱草属	*Elymus*
乌头属	*Aconitum*	鹅观草属	*Roegneria*
唐松草属	*Thalictrum*	棒头草属	*Polypogon*
小檗属	*Berberis*	地肤属	*Kochia*
细辛属	*Asarum*	露珠草属	*Circaea*
紫堇属	*Corydalis*	柳叶菜属	*Epilobium*
无心菜属	*Arenaria*	打碗花属	*Calystegia*
漆姑草属	*Sagina*		

该分布类型的乔木有松属*Pinus*、桦木属*Betula*、杨属*Populus*、栎属*Quercus*、樱属*Cerasus*、桑属*Morus*、山茱萸属*Cornus*等，是保护区常绿落叶阔叶混交林的主要成分，灌木有荚蒾属*Viburnum*、胡颓子属*Elaeagnus*、小檗属*Berberis*、越橘属*Vaccinium*、白蜡树属*Fraxinus*、蔷薇属*Rosa*，该类植物是保护区喀斯特地貌的常见植物。常见的草本植物有婆婆纳属*Veronica*、琉璃草属*Cynoglossum*、紫草属*Lithospermum*、风轮菜属*Clinopodium*、夏枯草属*Prunella*、香科科属*Teucrium*、薄荷属*Mentha*、泽泻属*Alisma*、黄精属*Polygonatum*、葱属*Allium*、百合属*Lilium*、菖蒲属*Acorus*、天南星属*Arisaema*、鸢尾属*Iris*、绶草属*Spiranthes*、玉凤花属*Habenaria*、斑叶兰属*Goodyera*、珊瑚兰属*Corallorrhiza*、看麦娘属*Alopecurus*、披碱草属*Elymus*、鹅观草属*Roegneria*等。

保护区有地中海、东亚、新西兰和墨西哥—智利间断分布1属，即马桑属*Coriaria*，是马桑科的单型属，它起着维系南北古大陆的作用。

9. 东亚与北美洲间断分布及其变型

该分布类型为东亚、北美洲温带和亚热带的属；保护区有45属，占该区种子植物总属数的5.71%（表3-13）。

该分布类型乔木层有漆属*Toxicodendron*、枫香树属*Liquidambar*、锥属*Castanopsis*、楤木属*Aralia*等；灌木层有勾儿茶属*Berchemia*、胡枝子属*Lespedeza*、山蚂蝗属*Desmodium*等；草本植物有三白草属*Saururus*、金线草属*Antenoron*、腹水草属*Veronicastrum*、龙头草属*Meehania*、粉条儿菜属*Aletris*、头蕊兰属*Cephalanthera*、透骨草属*Phryma*等。

表3-13　保护区种子植物东亚与北美洲间断分布及其变型的属统计表

中文名	拉丁名	中文名	拉丁名
黄杉属	*Pseudotsuga*	柯属	*Lithocarpus*
铁杉属	*Tsuga*	山核桃属	*Carya*
鹅掌楸属	*Liriodendron*	柘属	*Maclura*
木兰属	*Magnolia*	红淡比属	*Cleyera*
八角属	*Illicium*	珍珠花属	*Lyonia*
五味子属	*Schisandra*	勾儿茶属	*Berchemia*
山胡椒属	*Lindera*	蛇葡萄属	*Ampelopsis*
石楠属	*Photinia*	地锦属	*Parthenocissus*
皂荚属	*Gleditsia*	漆属	*Toxicodendron*
肥皂荚属	*Gymnocladus*	钩吻属	*Gelsemium*
香槐属	*Cladrastis*	木犀属	*Osmanthus*
山蚂蝗属	*Desmodium*	络石属	*Trachelospermum*
两型豆属	*Amphicarpaea*	梓属	*Catalpa*
鸡眼草属	*Kummerowia*	十大功劳属	*Mahonia*
胡枝子属	*Lespedeza*	三白草属	*Saururus*
绣球属	*Hydrangea*	金线草属	*Antenoron*
鼠刺属	*Itea*	腹水草属	*Veronicastrum*
蓝果树属	*Nyssa*	龙头草属	*Meehania*
楤木属	*Aralia*	粉条儿菜属	*Aletris*
六道木属	*Abelia*	头蕊兰属	*Cephalanthera*
枫香树属	*Liquidambar*	莲属	*Nelumbo*
板凳果属	*Pachysandra*	透骨草属	*Phryma*
锥属	*Castanopsis*		

综上所述，东亚与北美洲间断分布属联系密切，与两地的地史变迁有紧密的关系，正如吴征镒院士所指出的：东亚与北美洲间断分布属是第三纪古热带起源。

10. 旧世界温带分布及其变型

该分布类型是指分布于欧亚大陆高纬度地区的温带和寒温带，个别延伸到北美洲及亚洲、热带山地或澳大利亚；保护区有36属，占该区种子植物总属数的4.57%（表3-14）。

该分布类型的特点是：①草本植物占优势，如苦苣菜属*Sonchus*、聚合草属*Symphytum*、筋骨草属*Ajuga*、活血丹属*Glechoma*、香薷属*Elsholtzia*、夏至草属*Lagopsis*、益母草属*Leonurus*、萱草属*Hemerocallis*、重楼属*Paris*、角盘兰属*Herminium*、败酱属*Patrinia*等；②木本植物较少，仅有6属，以灌木或小乔木为主，如梨属*Pyrus*、女贞属*Ligustrum*、榉属*Zelkova*、火棘属*Pyracantha*、桃属*Amygdalus*等；③由于旧世界温带分布属的多元起源，它们起源于欧亚大陆及古地中海沿岸和旧世界热带。

11. 温带亚洲分布及其变型

这一分布类型是指主要局限于亚洲温带地区的属，分布区的范围一般从中亚至东西伯利亚和亚洲东北部，南部界限至喜马拉雅山区，我国西南、华北至东北、朝鲜和日本北部也有一些属分布到亚热带，个别属种到达亚洲热带，甚至到新几内亚；保护区有4属，占该区种子植物总属数的0.51%，它们是杏属*Armeniaca*、枫杨属*Pterocarya*、虎杖属*Reynoutria*、黄鹌菜属*Youngia*。

在该分布类型中，草本占绝大多数，是保护区喀斯特地区的主要地被植物。

12. 地中海区、西亚至中亚分布及其变型

该分布类型分布在从现代地中海至古地中海地区，包括西亚、西南亚及乌兹别克斯坦、吉尔吉斯斯坦、塔吉克斯坦、哈萨克斯坦和中国新疆、青海、青藏高原及内蒙古一带。保护区有4属，即黄连木属*Pistacia*、木犀榄属*Olea*、菊苣属*Cichorium*、常春藤属*Hedera*，表明了保护区植物区系与古地中海植物区系有联系。

表3-14　保护区种子植物旧世界温带分布及其变型的属统计表

中文名	拉丁名	中文名	拉丁名
桃属	*Amygdalus*	旋覆花属	*Inula*
火棘属	*Pyracantha*	稻槎菜属	*Lapsanastrum*
梨属	*Pyrus*	毛连菜属	*Picris*
榉属	*Zelkova*	麻花头属	*Serratula*
锦葵属	*Malva*	苦苣菜属	*Sonchus*
山靛属	*Mercurialis*	聚合草属	*Symphytum*
桑寄生属	*Loranthus*	筋骨草属	*Ajuga*
马甲子属	*Paliurus*	活血丹属	*Glechoma*
女贞属	*Ligustrum*	香薷属	*Elsholtzia*
鹅绒藤属	*Cynanchum*	夏至草属	*Lagopsis*
淫羊藿属	*Epimedium*	益母草属	*Leonurus*
鹅肠菜属	*Myosoton*	萱草属	*Hemerocallis*
荞麦属	*Fagopyrum*	重楼属	*Paris*
费菜属	*Phedimus*	对叶兰属	*Listera*
窃衣属	*Torilis*	角盘兰属	*Herminium*
橐吾属	*Ligularia*	败酱属	*Patrinia*
风毛菊属	*Saussurea*	川续断属	*Dipsacus*
天名精属	*Carpesium*	黑藻属	*Hydrilla*

13. **东亚分布及其变型**

该分布类型是从喜马拉雅一直分布到日本的属；保护区有81属，占该区种子植物总属数的10.28%。其中，东亚分布42属，占该区种子植物总属数的5.33%；中国—喜马拉雅（SH）变型19属，占该区种子植物总属数的2.41%；中国—日本（SJ）变型20属，占该区种子植物总属数的2.54%（表3-15）。

该分布类型的特点：①木本植物属占优势，但乔木很少，灌木树种占绝大多数，它们是当地喀斯特地貌植物的重要组成部分；②单型属、少型属丰富，如蕺菜属*Houttuynia*、兔儿风属*Ainsliaea*、紫苏属*Perilla*、南天竹属*Nandina*等，以上分析表明，保护区单型属、少型属所占的比例大；③本区还分布有大量的古老和孑遗类群，如三尖杉属*Cephalotaxus*、刺楸属*Kalopanax*等，说明该地植物区系性质的古老、原始性。

14. **中国特有分布**

保护区有中国特有分布属22个，占该区种子植物总属数的2.79%；主要有秤锤树属*Sinojackia*、通脱木属*Tetrapanax*、半枫荷属*Semiliquidambar*、石笔木属*Tutcheria*、伞花木属*Eurycorymbus*、掌叶木属*Handeliodendron*、栾树属*Koelreuteria*、尾囊草属*Urophysa*、裸蒴属*Gymnotheca*、紫菊属*Notoseris*、虾须草属*Sheareria*、黔苣苔属*Tengia*、单座苣苔属*Metabriggsia*、石山苣苔属*Petrocodon*、斜萼草属*Loxocalyx*、毛药花属*Bostrychanthera*等（表3-16）。

表3-15 保护区种子植物东亚分布及其变型的属统计表

中文名	拉丁名	类型	中文名	拉丁名	类型
侧柏属	*Platycladus*	14	石蒜属	*Lycoris*	14
三尖杉属	*Cephalotaxus*	14	油杉属	*Keteleeria*	14SH
桃叶珊瑚属	*Aucuba*	14	冠盖藤属	*Pileostegia*	14SH
青荚叶属	*Helwingia*	14	鞘柄木属	*Toricellia*	14SH
五加属	*Eleutherococcus*	14	石海椒属	*Reinwardtia*	14SH
蜡瓣花属	*Corylopsis*	14	俞藤属	*Yua*	14SH
檵木属	*Loropetalum*	14	滇丁香属	*Luculia*	14SH
旌节花属	*Stachyurus*	14	岩上珠属	*Clarkella*	14SH
结香属	*Edgeworthia*	14	八角莲属	*Dysosma*	14SH
油桐属	*Vernicia*	14	八月瓜属	*Holboellia*	14SH
猕猴桃属	*Actinidia*	14	合耳菊属	*Synotis*	14SH
吊钟花属	*Enkianthus*	14	掌叶石蚕属	*Rubiteucris*	14SH
枳椇属	*Hovenia*	14	筒冠花属	*Siphocranion*	14SH
茵芋属	*Skimmia*	14	火把花属	*Colquhounia*	14SH
南酸枣属	*Choerospondias*	14	开口箭属	*Campylandra*	14SH
水团花属	*Adina*	14	舌喙兰属	*Hemipilia*	14SH
虎刺属	*Damnacanthus*	14	短瓣兰属	*Monomeria*	14SH
野丁香属	*Leptodermis*	14	箭竹属	*Sinarundinaria*	14SH
莸属	*Caryopteris*	14	筱竹属	*Thamnocalamus*	14SH
蕺菜属	*Houttuynia*	14	竹叶子属	*Streptolirion*	14SH
双蝴蝶属	*Tripterospermum*	14	刺楸属	*Kalopanax*	14SJ
囊瓣芹属	*Pternopetalum*	14	化香树属	*Platycarya*	14SJ
兔儿风属	*Ainsliaea*	14	花点草属	*Nanocnide*	14SJ

（续表）

中文名	拉丁名	类型	中文名	拉丁名	类型
泥胡菜属	*Hemisteptia*	14	山桐子属	*Idesia*	14SJ
假福王草属	*Paraprenanthes*	14	梧桐属	*Firmiana*	14SJ
松蒿属	*Phtheirospermum*	14	野鸦椿属	*Euscaphis*	14SJ
吊石苣苔属	*Lysionotus*	14	白马骨属	*Serissa*	14SJ
斑种草属	*Bothriospermum*	14	鸡仔木属	*Sinoadina*	14SJ
紫苏属	*Perilla*	14	木通属	*Akebia*	14SJ
蜘蛛抱蛋属	*Aspidistra*	14	野木瓜属	*Stauntonia*	14SJ
万寿竹属	*Disporum*	14	防己属	*Sinomenium*	14SJ
沿阶草属	*Ophiopogon*	14	南天竹属	*Nandina*	14SJ
射干属	*Belamcanda*	14	假婆婆纳属	*Stimpsonia*	14SJ
棕榈属	*Trachycarpus*	14	蒲儿根属	*Sinosenecio*	14SJ
白及属	*Bletilla*	14	龙珠属	*Tubocapsicum*	14SJ
杜鹃兰属	*Cremastra*	14	半蒴苣苔属	*Hemiboea*	14SJ
寒竹属	*Chimonobambusa*	14	白丝草属	*Chionographis*	14SJ
刚竹属	*Phyllostachys*	14	山麦冬属	*Liriope*	14SJ
野海棠属	*Bredia*	14	半夏属	*Pinellia*	14SJ
党参属	*Codonopsis*	14	大明竹属	*Pleioblastus*	14SJ
袋果草属	*Peracarpa*	14			

表3-16　保护区种子植物中国特有分布的属统计表

中文名	拉丁名	中文名	拉丁名
杉木属	*Cunninghamia*	紫菊属	*Notoseris*
秤锤树属	*Sinojackia*	虾须草属	*Sheareria*
通脱木属	*Tetrapanax*	黔苣苔属	*Tengia*
半枫荷属	*Semiliquidambar*	单座苣苔属	*Metabriggsia*
青檀属	*Pteroceltis*	石山苣苔属	*Petrocodon*
石笔木属	*Tutcheria*	斜萼草属	*Loxocalyx*
伞花木属	*Eurycorymbus*	毛药花属	*Bostrychanthera*
掌叶木属	*Handeliodendron*	四棱草属	*Schnabelia*
栾树属	*Koelreuteria*	箬竹属	*Indocalamus*
尾囊草属	*Urophysa*	单枝竹属	*Bonia*
裸蒴属	*Gymnotheca*	井冈寒竹属	*Gelidocalamus*

（三）属的区系小结

对茂兰野生种子植物属级构成的分析表明，4个比例最高的分布类型依次是：热带亚洲分布及其变型（137属），占总属数的17.39%；泛热带分布及其变型（133属），占总属数的16.88%；北温带分布及其变型（97属），占总属数的12.31%；东亚分布及其变型（81属），占总属数的10.28%。四者合计有448属，占总属数的56.85%，构成属级区系组成的主体部分。在野生种子植物区系分布中，热带属446属，占总属数的56.60%；温带属267属，占总属数的33.88%；中国特有属22属，占总属数的2.79%。分析结果显示，该地区植物区系以热带分布占优势，同时很多属的植物也是从热带到温带的过渡地带的重要种类，说明该地区植物区系和热带植物区系联系非常紧密。

三、种子植物种的区系分析

（一）种的分布状况

一个自然区域和一个行政区的植物区系是由各自的植物种类决定的。研究种的地理分布类型，可以确定该区域的植物区系的地带性质和起源。

保护区有种子植物2382种，划分为15个地理分布类型（表3-17），其中缺乏温带亚洲分布，地中海区、西亚至中亚分布，中亚分布。

（二）种的区系特点

1. 世界分布

保护区有世界分布种69种，占全区总种数的2.90%，多为世界性广布或亚世界分布的草本植物。它们是苦苣菜*Sonchus oleraceus*、牛筋草*Eleusine indica*、香附子*Cyperus rotundus*、习见蓼*Polygonum plebeium*、蓼蓝*P. tinctorium*、虎杖*Reynoutria japonica*、酢浆草*Oxalis corniculata*、马鞭草*Verbena officinalis*、茜草*Rubia cordifolia*、豨莶*Sigesbeckia orientalis*、碎米莎草*Cyperus iria*等。

本分布类型的特点是：草本占绝对优势；全世界分布较少，亚世界分布较多，如欧亚分布种。这与农业开发和人类活动有关。

2. 泛热带分布

保护区有泛热带分布156种，占全区总种数的6.55%，它们是豆瓣绿*Peperomia tetraphylla*、狗尾草*Setaria viridis*、地桃花*Urena lobata*、截叶铁扫帚*Lespedeza cuneata*、扶芳藤*Euonymus fortunei*、金盏银盘*Bidens biternata*、鳢肠*Eclipta prostrata*、地胆草*Elephantopus scaber*、一点红*Emilia sonchifolia*、苍耳*Xanthium strumarium*、牛筋草*Eleusine indica*、画眉草*Eragrostis pilosa*等。

表3-17 保护区种子植物种的地理分布

序号	分布类型	种数	占全区总种数比例/%
1	世界分布	69	2.90
2	泛热带分布	156	6.55
3	热带亚洲至热带美洲间断分布	53	2.23
4	旧世界热带分布	69	2.90
5	热带亚洲至热带大洋洲分布	72	3.02
6	热带亚洲至热带非洲分布	39	1.64
7	热带亚洲分布	602	25.27
8	北温带分布	196	8.23
9	东亚与北美洲间断分布	91	3.82
10	旧世界温带分布	124	5.21
11	温带亚洲分布	0	0.00
12	地中海区、西亚至中亚分布	0	0.00
13	中亚分布	0	0.00
14	东亚分布	475	19.94
15	中国特有分布	436	18.30
合计		2382	100.00

泛热带植物分布于全球热带地区，在保护区中该类型植物种类比较多，说明该区植物区系与热带性质联系密切。

3. **热带亚洲至热带美洲间断分布**

该分布类型包括间断分布于美洲和亚洲温暖地区的热带种，在旧世界（东半球）从亚洲可能延伸到澳大利亚东北部或西南太平洋岛屿；保护区有热带亚洲至热带美洲间断分布53种，占全区总种数的2.23%，如无瓣蔊菜*Rorippa dubia*、白花鬼针草*Bidens pilosa* var. *radiata*、杠板归*Polygonum perfoliatum*、叶下珠*Phyllanthus urinaria*等。

4. **旧世界热带分布**

旧世界热带是指亚洲、非洲和大洋洲热带地区及其邻近岛屿（也常称为古热带），与美洲新大陆热带相区别；保护区有旧世界热带分布69种，占全区总种数的2.90%，如毛大丁草*Gerbera piloselloides*、细柄草*Capillipedium parviflorum*、鱼眼草*Dichrocephala auriculata*、矛叶荩草*Arthraxon lanceolatus*、刺子莞*Rhynchospora rubra*、空心泡*Rubus rosifolius*、鱼藤*Derris trifoliata*等。该分布类型的种类大多是草本，常常表现出不同程度的喜干热生境特点。

5. **热带亚洲至热带大洋洲分布**

该分布类型位于旧世界热带东部，其西端有时可到达马达加斯加，但一般不到非洲大陆。保护区有热带亚洲至热带大洋洲分布72种，占全区总种数的3.02%，如耳草*Hedyotis auricularia*、泥胡菜*Hemisteptia lyrata*、扭肚藤*Jasminum elongatum*、褐果薹草*Carex brunnea*、荔枝草*Salvia plebeia*、金发草*Pogonatherum paniceum*、狼尾草*Pennisetum alopecuroides*、水田白*Mitrasacme pygmaea*、露兜树*Pandanus tectorius*、枝花李榄*Linociera ramiflora*、阔叶沼兰*Malaxis latifolia*、姜花*Hedychium coronarium*等。

该分布类型的特点是：藤本植物和草本植物居多，适应能力比较强，远达我国东北及日本、朝鲜。

6. **热带亚洲至热带非洲分布**

该分布类型位于旧世界西部，通常是指从热带非洲到印度—马来西亚，特别是其西部（西马来西亚），也有些种分布到斐济等南太平洋岛屿，但不见于澳大利亚；保护区有热带亚洲至热带非洲分布39种，占全区总种数的1.64%，如青葙*Celosia argentea*、尼泊尔蓼*Polygonum nepalense*、天胡荽*Hydrocotyle sibthorpioides*、三对节*Clerodendrum serratum*、假楼梯草*Lecanthus peduncularis*、裂苞铁苋菜*Acalypha brachystachya*、多花脆兰*Acampe rigida*、丛生羊耳蒜*Liparis cespitosa*等。

7. **热带亚洲分布**

该分布类型分布区包括印度半岛、斯里兰卡、中南半岛、马来西亚、印度尼西亚、菲律宾及新几内亚，东到萨摩亚群岛，西到马尔代夫群岛；保护区有热带亚洲分布602种，占全区总种数的25.27%。其中木本植物有桂南木莲*Manglietia conifera*、木莲*M. fordiana*、红花木莲*M. insignis*、乐昌含笑*Michelia chapensis*、观光木*M. odora*、少花桂*Cinnamomum pauciflorum*、香桂*C. subavenium*、肉实树*Sarcosperma laurinum*、黄果厚壳桂*Cryptocarya concinna*、香叶树、茵芋*Skimmia reevesiana*、山胡椒*Lindera glauca*等。

藤本或攀缘状灌木有龙须藤*Bauhinia championii*、毛枝蛇葡萄*Ampelopsis rubifolia*、酸藤子*Embelia laeta*、小木通*Clematis armandii*、牛姆瓜*Holboellia grandiflora*、大血藤*Sargentodoxa cuneata*、樟叶木防己*Cocculus laurifolius*、蛇葡萄*Ampelopsis glandulosa*、毛枝蛇葡萄*A. rubifolia*、葛藟葡萄*Vitis flexuosa*等。

草本植物有蒲儿根*Sinosenecio oldhamianus*、骤尖楼梯草*Elatostema cuspidatum*、截叶栝楼*Trichosanthes truncata*、筒冠花*Siphocranion macranthum*、具芒碎米莎草*Cyperus microiria*、黑鳞珍珠茅*Scleria hookeriana*、细毛鸭嘴草*Ischaemum ciliare*、五节芒*Miscanthus floridulus*、华山姜*Alpinia oblongifolia*、天门冬*Asparagus cochinchinensis*等。

8. **北温带分布**

该分布类型是指欧洲、亚洲和北部非洲热带以外的部分种类，它们可以延伸到热带山地，甚至到达南半球温带。保护区有北温带分布196种，占全区总种数的8.23%，如三白草*Saururus chinensis*、石龙芮*Ranunculus sceleratus*、蛇莓*Duchesnea indica*、黄杞*Engelhardia roxburghiana*、苦荞麦*Fagopyrum tataricum*、稀花蓼*Polygonum dissitiflorum*、皱叶酸模*Rumex crispus*、看麦娘*Alopecurus aequalis*、鸡眼草*Kummerowia striata*、卫矛*Euonymus alatus*、铁轴草*Teucrium quadrifarium*、夏枯草*Prunella vulgaris*、弹裂碎米荠*Cardamine impatiens*、泽泻*Alisma plantago-aquatica*、乳浆大戟*Euphorbia esula*等。

9. **东亚与北美洲间断分布**

早在第三纪以后，靠着白令地区的“陆桥”通道，欧亚大陆和北美大陆的物种相互交流。由于新近纪时，白令地区太冷，大量物种灭绝，加之第四纪冰川和间冰期交替，白令海峡形成，断绝两个大陆的物种交流，形成了东亚与北美洲间断分布，保护区有东亚与北美洲间断分布91种，占全区总种数的3.82%，如黄海棠*Hypericum ascyron*、尾花细辛*Asarum caudigerum*、长萼鸡眼草*Kummerowia stipulacea*、粉条儿菜*Aletris spicata*等。

10. **旧世界温带分布**

该分布类型分布于欧亚大陆和北部非洲。保护区有旧世界温带分布124种，占全区总种数的5.21%，如繁缕*Stellaria media*、尼泊尔酸模*Rumex nepalensis*、碎米荠*Cardamine hirsuta*、三叶委陵菜*Potentilla freyniana*、尖叶长柄山蚂蝗*Hylodesmum podocarpum* subsp. *oxyphyllum*、南方露珠草*Circaea mollis*、水芹*Oenanthe javanica*、变豆菜*Sanicula chinensis*、小窃衣*Torilis japonica*、透骨草*Phryma leptostachya* subsp. *asiatica*、大车前*Plantago major*、白蜡树*Fraxinus chinensis*、松蒿*Phtheirospermum japonicum*、陌上菜*Lindernia procumbens*、瓜子金*Polygala japonica*、天名精*Carpesium abrotanoides*等。

11. **东亚分布**

该分布类型分布于东经83°以东的喜马拉雅、印度东北部边境地区，缅甸北部山区，北部湾北部山区，中国大部分，朝鲜半岛、琉球群岛、九州岛、四国岛、本州岛、北海道、小笠原群岛和硫黄列岛、千岛群岛南部岛屿、萨哈林岛（库页岛）南部和北部。东亚植物区系是北温带植物区系的一部分，保护区有东亚分布475种，占全区总种数的19.94%，依据吴征镒的区系分类系统，将保护区东亚分布植物与相应的东亚地区分为3个类型。

（1）东亚广布

从东喜马拉雅一直分布到日本的种类，其分布区向东北一般不超过俄罗斯的阿穆尔州，并从日本北部一直到萨哈林州，向西南不超过越南北部和喜马拉雅东部，向南最远到达菲律宾等。保护区有168种，占全区总种数的7.05%。例如，鸡桑*Morus australis*产自辽宁、河北、陕西、甘肃、山东、安徽、浙江、江西、福建、台湾、河南、湖北、湖南、广东、广西、四川、贵州、云南、西藏等省区，在朝鲜、日本、斯里兰卡、不丹、尼泊尔及印度也有分布；常生于海拔500～1000m石灰岩山地或

林缘及荒地。山莓*Rubus corchorifolius*除东北、甘肃、青海、新疆、西藏外，全国其他地区均有分布，在朝鲜、日本、缅甸、越南也有分布；普遍生于海拔200～2200m向阳山坡、溪边、山谷、荒地和疏密灌丛潮湿处。此外还有裸花水竹叶*Murdannia nudiflora*、鼠尾粟*Sporobolus fertilis*、大叶仙茅*Curculigo capitulata*、小金梅草*Hypoxis aurea*等。

（2）中国—喜马拉雅

分布于喜马拉雅山区至我国西南，部分种类到达陕西、甘肃或华东地区，向南甚至到达中南半岛。保护区有209种，占全区总种数的8.77%。例如，蛇含委陵菜*Potentilla kleiniana*产自辽宁、陕西、山东、河南、安徽、江苏、浙江、湖北、湖南、江西、福建、广东、广西、四川、贵州、云南、西藏，在朝鲜、日本、印度、马来西亚、印度尼西亚均有分布；生于海拔400～3000m田边、水旁、草甸及山坡草地。珂楠树*Meliosma beaniana*产自云南北部、贵州西北部、四川、湖南、湖北、江西、浙江等地，在缅甸北部也有分布；生于海拔1000～2500m湿润山地的密林或疏林中。疏果薹草*Carex hebecarpa*产自福建、台湾、广东等地，在喜马拉地区（如尼泊尔）也有分布；生于山地沟谷湿处、林下或路旁。老鼠刺*Itea chinensis*产自福建、湖南、广东、广西、云南西北部及西藏东南部，在印度东部、不丹、越南和老挝也有分布；常见于海拔140～2400m的山地、山谷、疏林、路边及溪边。西域旌节花*Stachyurus himalaicus*产自陕西、浙江、湖南、湖北、四川、贵州、台湾、广东、广西、云南、西藏等省区，在印度北部、尼泊尔、不丹及缅甸北部也有分布；生于海拔400～3000m的山坡阔叶林下或灌丛中。异被赤车*Pellionia heteroloba*产自云南西部及南部、广西、广东、台湾，在越南北部、印度也有分布；生于海拔1000～2700m的山地林下、石上或溪边阴湿处。

此外还有枳椇*Hovenia acerba*、鞘柄木*Toricellia tiliifolia*、蓝叶藤*Marsdenia tinctoria*、清香藤*Jasminum lanceolaria*、岩生千里光*Senecio wightii*等。

（3）中国—日本

分布于我国云南、四川金沙江河谷以东地区直至日本，但不见于喜马拉雅。保护区有98种，占全区总种数的4.11%。例如，王瓜*Trichosanthes cucumeroides*产自华东、华中、华南和西南地区；生于海拔（250～）600～1700m的山谷密林或山坡疏林或灌丛中。江南桤木*Alnus trabeculosa*产自安徽、江苏、浙江、江西、福建、广东、湖南、湖北、河南南部；生于海拔200～1000m的山谷或河谷的林中、岸边或村落附近。糙叶树*Aphananthe aspera*产自山西、山东、江苏、安徽、浙江、江西、福建、台湾、湖南、湖北、广东、广西、四川东南部、贵州和云南东南部，在朝鲜、日本和越南也有分布。山桐子*Idesia polycarpa*产自广西、福建、贵州、江西、湖南、湖北、广东等省区，在朝鲜、日本南部也有分布；生于海拔400～2500m的低山区山坡、山洼等落叶阔叶林和针阔叶混交林中。日本杜英*Elaeocarpus japonicus*产自长江以南各省区，东起台湾，西至四川及云南最西部，南至海南，在越南、日本也有分布；生于海拔400～1300m的常绿林中。乌冈栎*Quercus phillyraeoides*产自陕西、浙江、江西、安徽、福建、河南、湖北、湖南、广东、广西、四川、贵州、云南、台湾等省区，在日本也有分布；生于海拔300～1200m的山坡、山顶和山谷密林中，常生于山地岩石上。金线草*Antenoron filiforme*产自广西、福建、海南、贵州、湖南、湖北、广东、云南、台湾等省区，在朝鲜、日本南部也有分布；生于海拔400～2500m的低山区山坡、山洼等落叶阔叶林和针阔叶混交林中，通常集中分布于海拔900（秦岭以南地区）～1400m（西南地区）的山地。垂盆草*Sedum sarmentosum*产自福建、贵州、四川、湖北、湖南、江西、安徽、浙江、江苏、甘肃、陕西、河南、山东、山西、河北、辽宁、吉林、北京（模式产地），在朝鲜、日本也有分布；生于海拔1600m以下山坡阳处或石上。野鸦椿*Euscaphis japonica*除西北各省外，全国均产，主产江南各省，西至云南东北部，在日本、朝鲜也有分布。此外还有水麻*Debregeasia orientalis*、交让木*Daphniphyllum macropodum*、朴树*Celtis sinensis*、冷水花*Pilea notata*、枫杨*Pterocarya stenoptera*、槲栎*Quercus aliena*等。

12. 中国特有分布

限于分布在中国境内的植物种，称为中国特有种；保护区中国特有种都属于泛北极东亚植物区系，中国特有种436种，占保护区总种数的18.30%，有4个地区分布亚型，即南北片、南方片、西南片、贵州特有（表3-18）。

1）南北片，指分布于长江以南和以北的植物种，长江以北包括华北、东北、西北，也称为中国特有种的广布种或亚广布种，共106种，占本类型种数的24.31%，如马尾松*Pinus massoniana*、李*Prunus salicina*、接骨木*Sambucus williamsii*、三裂蛇葡萄*Ampelopsis delavayana*、中华绣线菊*Spiraea chinensis*、

表3-18 中国特有种分布统计

序号	地区分布亚型	种数	该区中国特有种比例/%
1	南北片	106	24.31
2	南方片	151	34.63
3	西南片	123	28.21
4	贵州特有	56	12.84
合计		436	100.00

金佛山荚蒾*Viburnum chinshanense*、蜡莲绣球*Hydrangea strigosa*、异叶鼠李*Rhamnus heterophylla*、爬藤榕*Ficus sarmentosa* var. *impressa*、黑壳楠*Lindera megaphylla*、红茴香*Illicium henryi*、京梨猕猴桃*Actinidia callosa* var. *henryi*、中华猕猴桃*A. chinensis*、中国旌节花*Stachyurus chinensis*、瓜馥木*Fissistigma oldhamii*、薄叶润楠*Machilus leptophylla*、木姜润楠*M. litseifolia*、大叶新木姜子*Neolitsea levinei*、宜昌润楠*Machilus ichangensis*、华钩藤*Uncaria sinensis*、花叶地锦*Parthenocissus henryana*等。

2）南方片，指分布于长江以南广大地区的植物种。保护区有151种，占保护区中国特有种分布类型的34.63%，如小果润楠*Machilus microcarpa*、革叶鼠李*Rhamnus coriophylla*、苦竹*Pleioblastus amarus*、红毒茴*Illicium lanceolatum*、木姜润楠*Machilus litseifolia*、长苞羊耳蒜*Liparis inaperta*、折枝菝葜*Smilax lanceifolia* var. *elongata*、阔瓣含笑*Michelia cavaleriei* var. *platypetala*、香粉叶*Lindera pulcherrima* var. *attenuata*、狭叶润楠*Machilus rehderi*、黔岭淫羊藿*Epimedium leptorrhizum*等。

3）西南片，分布于云南、贵州、西藏、四川、重庆、湖南、广西的植物。保护区共123种，占保护区中国特有种分布类型的28.21%，如短序吊灯花*Ceropegia christenseniana*、大花鼠李*Rhamnus grandiflora*、贵州锥*Castanopsis kweichowensis*、密果花椒*Zanthoxylum glomeratum*、石木姜子*Litsea elongata* var. *faberi*、

云南赤瓟*Thladiantha pustulata*、木犀*Osmanthus fragrans*、扁竹兰*Iris confusa*、大叶熊巴掌*Phyllagathis longiradiosa*等。

4）贵州特有，限于分布在贵州省内的植物种，称为贵州特有种，保护区有贵州特有种56种，如狭叶含笑*Michelia angustioblonga*、多脉贵州报春*Primula kweichouensis* var. *venulosa*、荔波杜鹃*Rhododendron liboense*、贵州山橙*Melodinus chinensis*、贵州羊耳蒜*Liparis esquirolii*、贵州悬竹*Ampelocalamus calcareus*、独山石楠*Photinia tushanensis*、安顺润楠*Machilus cavaleriei*、荔波花椒*Zanthoxylum liboense*、荔波连蕊茶*Camellia lipoensis*、荔波红瘤果茶*Camellia rubimuricata*、卷柱胡颓子*Elaeagnus retrostyla*、条叶猕猴桃*Actinidia fortunatii*、倒卵叶猕猴桃*A. obovata*、贵州青冈*Cyclobalanopsis argyrotricha*、总状桂花*Osmanthus racemosus*、荔波唇柱苣苔*Chirita liboensis*、荔波铁线莲*Clematis liboensis*等。

（三）种的地理分布小结

保护区有种子植物2382种，植物区系地理分布的分析结果如下。

1）保护区种子植物区系世界分布69种，占全区总种数的2.90%，热带分布共991种，占全区总种数的41.60%；温带分布886种，占全区总种数的37.20%。该结果说明保护区植物区系热带性质明显。

2）特有种多，中国特有种436种，贵州特有种56种，这与该地特殊的地质地貌有很大的关系。

四、小结

通过初步分析，茂兰国家级自然保护区野生种子植物区系呈现以下特征。

1）保护区野生种子植物区系成分丰富，有野生种子植物170科788属2382种（除外来植物），这与该区独特的地理位置、多样的气候类型以及复杂的地质地貌等具有密切的关系，这些因素的相互作用使该区的植物多样性非常丰富。

2）从属和种的区系分析来看，本区植物区系属于热带性质。

3）本区自然条件优越，而且受第四纪冰川的影响不大，保留了许多古老或原始的单型属、少型属、中国特有属和中国特有种。

4）本区植物区系具有较多广西、云南和四川交界地区特有的种类，与广西植物区系联系紧密。

5）茂兰国家级自然保护区属于中亚热带季风湿润气候区，植被分区上属于亚热带常绿阔叶林区、东部（湿润）常绿阔叶林亚区、中亚热带常绿阔叶林带，其中裸子植物中的松科、杉科、柏科植物在林层中占有很大优势，属于茂兰国家级自然保护区植物群落中的优势种。

第四章 森林资源现状与评价

保护区内的喀斯特原始森林，是在中亚热带生物气候条件背景下，在喀斯特地貌、石灰土等特殊生境影响下形成的原生性常绿落叶阔叶混交林，是一种非地带性的植被。森林资源丰富，原生性强，是喀斯特地区生物多样性基因库，森林景观类型独特。

一、森林资源现状

（一）林地资源

保护区总面积达21 285hm^2，其中林地面积20 053hm^2。

（二）森林覆盖率

根据近期的森林资源规划调查成果，全区森林覆盖率已达88.61%。

（三）林木资源

保护区的森林主要为阔叶林，根据2016年森林资源二类调查成果，区内林木资源以天然林为主，全区活立木总蓄积量近200万m^3，其中乔木林蓄积量为1 895 943m^3，散生木蓄积量为404.8m^3。

（四）森林群落

保护区森林群落中建群植物多为耐旱喜钙的树种，如圆果化香树、青冈、樟叶槭*Acer coriaceifolium*、黄梨木、云贵鹅耳枥、齿叶黄皮、掌叶木、圆叶乌桕、朴树、菱叶海桐、香叶树等。因此耐旱喜钙的树种组成的群落类型十分丰富，常见的森林群落类型有青冈-化香树林、化香树-黄皮林、楞-杜英林、黄杉-化香树林、黔竹林等。因喀斯特地貌的特殊性和小生境的多样性，在茂兰形成了许多特有种，如荔波大节竹、荔波球兰、短叶穗花杉等。

（五）森林景观资源

因保护区喀斯特地貌形态多样，根据地貌特征与森林的组合情况，其森林景观类型包括漏斗森林、洼地森林、谷地森林（盆地森林）和槽谷森林四大类。

漏斗森林是森林密集覆盖的峰丛漏斗，状如巨大的绿色窝穴，山峰与漏斗底部高差大，漏斗内部植被丰富原始，犹如热带雨林。

洼地森林分布于森林广泛覆盖的峰丛洼地，洼地内有农舍田园和出露的伏流，从洼地至四周山峰顶部均有浓密的森林覆盖。

谷地森林为森林覆盖率较高的峰林盆地（谷地）。

槽谷森林为森林覆盖的喀斯特槽谷，谷中林木分布有疏有密。

二、森林资源评价

（一）资源丰富、生境脆弱

相比较而言，茂兰国家级自然保护区在单位面积上分布与栖息的动植物种类数量要比贵州省内同级别的多得多，特别是珍稀植物和特有植物极为丰富。由于处于喀斯特地区，地表缺水少土，林木立地条件较差，生境脆弱，森林资源一旦遭受破坏，很难恢复。

（二）森林群落特殊

乔木林中的森林群落多为原始顶极群落，群落结构完整，植被保存完好。大多数乔木林对光的利用比较充分，但是林冠下的光弱，下木、幼苗和幼树的生长发育受到影响，天然更新能力比较差。树种以阔叶树为主，并杂以少量的马尾松、杉木等针叶树种，树种组成复杂，体现了保护区物种多样性的特点。

（三）资源健康、相对安全

近30年来，保护区内没有发生较大的自然灾害和病虫害，火灾极少。因保护力度加大，群众保护意识增强，偷砍盗伐和乱采滥挖行为逐年减少，野生动物栖息地的人为活动较少，外部威胁逐步消除。

（四）珍稀动植物多样丰富

目前，保护区已发现分布有野生珍稀濒危植物35种（含省级），国家重点保护种占贵州省的32%；珍稀濒危动物36种，占贵州省的37%。在贵州省国家级自然保护区中，茂兰分布的国家一级、二级重点保护野生植物种类位居各保护区前列；一级、二级重点保护野生动物36种，仅次于大沙河（表4-1）。

（五）特有物种种类丰富、种群数量较少

茂兰喀斯特特有植物种类丰富，但许多物种种群数量极少，如短叶穗花杉、荔波连蕊茶、荔波胡颓子、总状桂花、荔波花椒等仅有几株或几十株，荔波杜鹃、荔波桑、荔波凤仙花、荔波蜘蛛抱蛋等均不超过300株，特有种分布及种群数量情况详见表4-2。

表4-1　贵州省国家级自然保护区珍稀动植物分布一览表

保护区	一级保护植物/种	二级保护植物/种	省级保护植物/种	植物总计/种	一级保护动物/种	二级保护动物/种	动物总计/种
茂兰	6	17	12	35	4	32	36
梵净山	6	25	—	31	6	29	35
雷公山	5	20	14	39	4	31	35
习水	2	17	8	27	3	28	31
麻阳河	3	12	—	15	3	27	30
宽阔水	4	4	11	19	4	29	33
佛顶山	4	11	18	33	3	29	32
大沙河	6	27	19	52	4	34	38
总计	19	66	—	—	19	87	—

注：“—”表示无数据

表4-2　茂兰喀斯特特有植物及其种群数量一览表

物种	分布地	种群数量
1. 岩生翠柏*Calocedrus rupestris*	尧桥、西竹、力打、洞常、三岔河	较少
2. 短叶穗花杉*Amentotaxus argotaenia* var. *brevifolia*	莫干	极少
3. 木论木兰*Magnolia mulunica*	水井、洞化、高望、莫干	丰富
4. 石山木莲*Manglietia calcarea*	洞多、洞常、瑶寨、卡记	较少
5. 独山瓜馥木*Fissistigma cavaleriei*	莫干	极少
6. 黔南厚壳桂*Cryptocarya austrokweichouensis*	凉水井、高望、莫干、小七孔	较少
7. 粉叶润楠（荔波润楠）*Machilus glaucifolia*	莫干	调查未见
8. 石山楠*Phoebe calcarea*	凉水井、三岔河、洞多	较少
9. 荔波凤仙花*Impatiens liboensis*	洞腮	极少
10. 荔波连蕊茶*Camellia lipoensis*	尧兰	极少
11. 冬青叶山茶（荔波瘤果茶）*Camellia rubimuricata*	洞羊山	极少
12. 独山石楠*Photinia tushanensis*	广布	丰富

（续表）

物种	分布地	种群数量
13. 桂滇悬钩子（荔波悬钩子）*Rubus shihae*	永康	调查未见
14. 球子崖豆藤*Millettia sphaerosperma*	白鹇山	调查未见
15. 小叶蚊母树（荔波蚊母树）*Distylium buxifolium*	吉纳、洞腮	较少
16. 荔波桑*Morus liboensis*	凉水井	较少
17. 大果卫矛（荔波卫矛）*Euonymus myrianthus*	—	调查未见
18. 石生鼠李*Rhamnus calcicola*	凉水井、洞多、莫干、洞化	偏少
19. 岩生鼠李*Rhamnus saxicola*	凉水井、洞多、莫干、洞化	调查未见
20. 石山胡颓子*Elaeagnus calcarea*	全区	丰富
21. 荔波胡颓子*Elaeagnus lipoensis*	凉水井	丰富
22. 之形柱胡颓子*Elaeagnus s-stylata*	凉水井	调查未见
23. 荔波花椒*Zanthoxylum liboense*	洞塘	极少
24. 天峨槭*Acer wangchii*	凉水井、洞多、加别、三岔河、洞腮	较少
25. 五叶漆*Toxicodendron quinquefoliolatum*	莫干	稀少
26. 荔波杜鹃*Rhododendron liboense*	洞化、西竹、洞立	稀少
27. 总状桂花*Osmanthus racemosus*	高望、小七孔	极少
28. 多苞纤冠藤*Gongronema multibracteolatum*	高望	调查未见
29. 荔波球兰*Hoya lipoensis*	三岔河	丰富
30. 短毛唇柱苣苔*Chirita brachytricha*	莫干、尧兰	丰富
31. 大苞短毛报春苣苔*Chirita brachytricha* var. *magnibracteata*	吉纳	丰富
32. 少毛唇柱苣苔*Chirita glabrescens*	莫干	极少
33. 荔波唇柱苣苔*Chirita liboensis*	凉水井、莫干、洞多、三岔河	丰富
34. 桂黔吊石苣苔*Lysionotus aeschynanthoides*	莫干、洞羊山	极少
35. 白花蛛毛苣苔*Paraboea martinii*	莫干、尧所	较少
36. 三苞蛛毛苣苔*Paraboea tribracteata*	莫干	丰富
37. 小黄花石山苣苔*Petrocodon luteoflorus*	尧兰、凉水井、洞腮	较少
38. 洪氏马蓝*Strobilanthes hongii*	凉水井、莫干、尧兰、板寨	丰富
39. 岩生鼠尾草*Salvia petrophila*	凉水井	极少
40. 荔波蜘蛛抱蛋*Aspidistra liboensis*	凉水井、莫干	极少
41. 贵州悬竹*Ampelocalamus calcareus*	广布	丰富
42. 水单竹*Bambusa papillata*	三岔河	调查未见
43. 荔波吊竹*Dendrocalamus liboensis*	高望	较少
44. 抽筒竹*Gelidocalamus tessellatus*	三岔河	较少
45. 荔波大节竹*Indosasa lipoensis*	凉水井	丰富

注：—表示分布地不详；物种中文名一列的括号中的名称为茂兰区域常用名，在后文物种描述中也使用此名称

第五章　资源保护与开发利用

一、自然条件

茂兰国家级自然保护区位于贵州省荔波县南部。保护区属于中亚热带季风湿润气候，冬无严寒，夏无酷暑，雨量充沛。年平均气温为15.3℃，气温年均差为18.3℃，1月平均气温为5.2℃，7月平均气温为23.5℃，年降水量为1750～1950mm，区内喀斯特地貌发育典型，小生境复杂多样，特殊的地理位置和多样的地貌及气候为植物的生长提供了有利的条件。

二、植物资源状况

茂兰喀斯特森林是我国中亚热带以及世界上同纬度地区分布最集中、原生性最强的喀斯特森林，在世界植被类型中占有重要地位。区内植物种类丰富，根据最新调查研究成果，该区现有维管植物2617种（含种下等级），隶属202科（表5-1）。

表5-1　保护区维管植物汇总

类群	科	种
石松类和蕨类植物	32	235
裸子植物	7	23
被子植物	163	2359
总计	202	2617

三、珍稀、特有植物资源现状

珍稀植物是指列入《国家重点保护野生植物名录（第一批）》、《濒危野生动植物种国际贸易公约》（附录Ⅰ）以及《贵州省重点保护树种名录》的物种。

（一）物种组成

根据文献整理和实地调查，茂兰喀斯特区域分布有珍稀、特有植物共85种，隶属于38科56属。其中：《濒危野生动植物种国际贸易公约》（附录Ⅰ）植物5种（1科1属），国家一级重点保护野生植物6种（5科5属），国家二级重点保护野生植物17种（13科17属），贵州省重点保护植物12种（10科11属），特有植物45种（25科37属）（表5-2）。

表5-2 茂兰喀斯特珍稀、特有植物种类

序号	中文名	学名	用途	保护级别或特有性
1	小叶兜兰	*Paphiopedilum barbigerum*	观赏、药用	附录Ⅰ
2	白花兜兰	*Paphiopedilum emersonii*	观赏	附录Ⅰ
3	硬叶兜兰	*Paphiopedilum micranthum*	观赏	附录Ⅰ
4	麻栗坡兜兰	*Paphiopedilum malipoense*	观赏	附录Ⅰ
5	带叶兜兰	*Paphiopedilum hirsutissimum*	观赏	附录Ⅰ
6	红豆杉	*Taxus chinensis*	观赏、药用、材用	一级
7	南方红豆杉	*Taxus chinensis* var. *mairei*	观赏、药用、材用	一级
8	单性木兰	*Kmeria septentrionalis*	观赏	一级
9	掌叶木	*Handeliodendron bodinieri*	材用、观赏、油料	一级
10	异形玉叶金花	*Mussaenda anomala*	观赏	一级
11	单座苣苔	*Metabriggsia ovalifolia*	观赏	一级
12	金毛狗	*Cibotium barometz*	药用	二级
13	单叶贯众	*Cyrtomium hemionitis*	观赏	二级
14	华南五针松	*Pinus kwangtungensis*	观赏、材用	二级
15	短叶黄杉	*Pseudotsuga brevifolia*	材用	二级
16	篦子三尖杉	*Cephalotaxus oliveri*	观赏、材用	二级
17	鹅掌楸	*Liriodendron chinense*	观赏、材用	二级
18	香木莲	*Manglietia aromatica*	观赏、材用	二级
19	任豆	*Zenia insignis*	材用	二级
20	花榈木	*Ormosia henryi*	药用、材用	二级
21	半枫荷	*Semiliquidambar cathayensis*	药用	二级
22	四药门花	*Tetrathyrium subcordatum*	观赏	二级
23	榉树	*Zelkova serrata*	材用	二级
24	伞花木	*Eurycorymbus cavaleriei*	材用	二级

（续表）

序号	中文名	学名	用途	保护级别或特有性
25	喙核桃	*Annamocarya sinensis*	材用	二级
26	喜树	*Camptotheca acuminata*	观赏、药用、材用	二级
27	香果树	*Emmenopterys henryi*	观赏、药用	二级
28	龙棕	*Trachycarpus nana*	观赏	二级
29	三尖杉	*Cephalotaxus fortunei*	观赏	省级
30	粗榧	*Cephalotaxus sinensis*	观赏	省级
31	桂南木莲	*Manglietia conifera*	观赏	省级
32	深山含笑	*Michelia maudiae*	观赏	省级
33	川桂	*Cinnamomum wilsonii*	药用、食用	省级
34	紫楠	*Phoebe sheareri*	材用	省级
35	八角莲	*Dysosma versipellis*	药用、观赏	省级
36	岩生红豆	*Ormosia saxatilis*	观赏	省级
37	青檀	*Pteroceltis tatarinowii*	材用、药用、观赏	省级
38	清香木	*Pistacia weinmannifolia*	观赏、材用、药用	省级
39	贵州山核桃	*Carya kweichowensis*	食用、材用	省级
40	刺楸	*Kalopanax septemlobus*	观赏、药用	省级
41	岩生翠柏	*Calocedrus rupestris*	观赏、材用	特有
42	短叶穗花杉	*Amentotaxus argotaenia* var. *brevifolia*	观赏	特有
43	木论木兰	*Magnolia mulunica*	观赏、材用	特有
44	石山木莲	*Manglietia calcarea*	观赏、材用	特有
45	独山瓜馥木	*Fissistigma cavaleriei*	观赏、药用	特有
46	黔南厚壳桂	*Cryptocarya austrokweichouensis*	材用	特有
47	荔波润楠	*Machilus glaucifolia*	观赏	特有
48	石山楠	*Phoebe calcarea*	材用	特有
49	荔波凤仙花	*Impatiens liboensis*	观赏	特有
50	荔波连蕊茶	*Camellia lipoensis*	观赏	特有
51	荔波瘤果茶	*Camellia rubimuricata*	观赏	特有
52	独山石楠	*Photinia tushanensis*	观赏	特有
53	荔波悬钩子	*Rubus shihae*	观赏、食用	特有
54	球子崖豆藤	*Millettia sphaerosperma*	观赏	特有

（续表）

序号	中文名	学名	用途	保护级别或特有性
55	荔波蚊母树	*Distylium buxifolium*	观赏	特有
56	荔波桑	*Morus liboensis*	材用	特有
57	荔波卫矛	*Euonymus myrianthus*	观赏	特有
58	石生鼠李	*Rhamnus calcicola*	观赏	特有
59	岩生鼠李	*Rhamnus saxicola*	观赏	特有
60	石山胡颓子	*Elaeagnus calcarea*	观赏、食用	特有
61	荔波胡颓子	*Elaeagnus lipoensis*	观赏、食用	特有
62	之形柱胡颓子	*Elaeagnus s-stylata*	观赏、食用	特有
63	荔波花椒	*Zanthoxylum liboense*	观赏	特有
64	天峨槭	*Acer wangchii*	观赏	特有
65	五叶漆	*Toxicodendron quinquefoliolatum*	材用	特有
66	荔波杜鹃	*Rhododendron liboense*	观赏	特有
67	总状桂花	*Osmanthus racemosus*	观赏	特有
68	多苞纤冠藤	*Gongronema multibracteolatum*	观赏	特有
69	荔波球兰	*Hoya lipoensis*	观赏、药用	特有
70	短毛唇柱苣苔	*Chirita brachytricha*	观赏	特有
71	大苞短毛唇柱苣苔	*Chirita brachytricha* var. *magnibracteata*	观赏	特有
72	少毛唇柱苣苔	*Chirita glabrescens*	观赏	特有
73	荔波唇柱苣苔	*Chirita liboensis*	观赏	特有
74	桂黔吊石苣苔	*Lysionotus aeschynanthoides*	观赏	特有
75	白花蛛毛苣苔	*Paraboea martinii*	观赏	特有
76	三苞蛛毛苣苔	*Paraboea tribracteata*	观赏	特有
77	小黄花石山苣苔	*Petrocodon luteoflorus*	观赏	特有
78	洪氏马蓝	*Strobilanthes hongii*	观赏	特有
79	岩生鼠尾草	*Salvia petrophila*	观赏	特有
80	荔波蜘蛛抱蛋	*Aspidistra liboensis*	观赏、药用	特有
81	贵州悬竹	*Ampelocalamus calcareus*	观赏	特有
82	水单竹	*Bambusa papillata*	材用	特有
83	荔波吊竹	*Dendrocalamus liboensis*	观赏	特有
84	抽筒竹	*Gelidocalamus tessellatus*	观赏	特有
85	荔波大节竹	*Indosasa lipoensis*	观赏	特有

（二）植物的利用价值

保护区的珍稀、特有植物具有较高的经济价值，可作为药用植物、园林观赏植物、建筑及工业用材、工业原料等。其中，具有较高药用价值的珍稀、特有植物红豆杉、南方红豆杉、金毛狗、八角莲等种类都是我国著名的药用植物；华南五针松、短叶黄杉、岩生翠柏、篦子三尖杉、花榈木、清香木等种类材质坚硬，是制造家具、雕刻及建筑用材的良好原材料；掌叶木种子富含油脂，油清澈，有香味，可食用或作为工业用油，是重要的油料植物。另外，白花兜兰、小叶兜兰、带叶兜兰、荔波杜鹃、香果树、荔波唇柱苣苔等姿态优美，具有很高的园林观赏价值。除此之外，短叶黄杉、鹅掌楸、四药门花等种类古老或地理分布特殊，对植物区系研究具有重要的科研价值。综上可见，保护区内珍稀、特有植物不仅种类丰富，区系成分来源多样，而且具有较高的经济价值和科研价值，也具有重要的保护意义。

四、珍稀、特有植物的保护与开发利用

植物资源是大自然给予我们的宝贵财富，许多珍稀、特有植物多具有较高的经济和科研价值，在生态系统的稳定性、基因多样性等方面均具有重要作用，加之它们大多对生境要求严格，目前一些种类已经面临种群灭绝的危险。

随着保护区的建立，特别是近十几年来，大规模砍伐森林、拓垦土地、家畜放牧等破坏行为得到了有效的控制。然而随着旅游业的开发、环境污染、自然灾害、病虫害等因素的影响，珍稀、特有植物的生存繁殖还是受到了较大威胁。因此，制定系统的保护对策，对珍稀、特有植物的保护具有重要意义。在保护和扩大现有植物资源的前提下，应科学合理地开发资源。保护区富饶的生物资源为所在地区发展经济提供了良好的条件，但开发利用生物资源必须在了解该区的本底及优势，并在保护的基础上进行方可持续，保护区珍稀、特有植物保护与开发利用对策有以下几点。

（一）加强宣传，积极引导

保护区周边村民生活贫困与保护区资源保护的矛盾，是保护区建设中要面对的最为严峻的现实。自然保护区各项工作的开展与社区经济息息相关，社区经济的发展，离不开对保护区资源优势的依赖；而自然保护区的管理工作也不可能离开社区发展而独立存在，两者之间虽然存在着保护与发展的矛盾，但更多的是协调发展和利益共享。

一方面，不断加强环境宣传教育工作，增强公众保护意识。为了使周边村民关心、支持、参与保护区管护，增强全民环保意识和可持续发展意识，采用拍摄电视专题片、张贴标语、发传单、制作宣传册、举办专题报告等形式在保护区周边村进行关爱保护区的大型宣传活动，让周边村民充分认识到生物多样性保护的重要性。

另一方面，鼓励保护区内村民参与保护区山林管护工作。以聘请保护区周边村民作为护林员的方式使其参与保护区及集体山林的管护，要求他们在规定的保护区和集体山林内巡山、护林，完成任务并经保护区管理站核查后，由保护区管理处发放相应补贴。

此外，当地政府部门（不包括保护区管理局）、保护区管理局和周边村民共同制定一系列三方共同管理森林资源、保护生物多样性的规章制度，如保护区管理人员的定期检查、巡护和走访制度，基层护林员护山登记制度及奖惩制度。

通过实施保护区社区共管工作，让周边村民从保护中受益，生活水平得到提高，形成保护区和周边村民之间和谐发展的良好局面。

（二）维持适宜生境

生境丧失是珍稀、特有植物的致危因子之一，也是其种群衰落的关键。对于珍稀、特有植物的生境，尤其是种群集中的核心地域，改善和修复已遭部分破坏的生境十分重要。首先，降低旅游开发程度、控制游客数量和游客活动范围，建立旅游景区超载预警及限客等强制性制度，以减少人为干扰和污染，维护生境。其次，应适当对珍稀植物生境进行改造，对影响其生长的一些植物进行清理，从而创造促进其生长繁殖的有利条件。

（三）加强就地保护和迁地保护

保护区内植物多样性丰富，植物种群相对完整，因此，对于珍稀、特有植物的保护以就地保护为主、迁地保护为辅的方法进行。就地保护能够为植物提供适宜的保育场所，同时结合生境改造，可为珍稀植物种群的生存繁衍提供有利的条件。

对于珍稀、特有植物，尤其是具有较高经济价值和重要学术价值的物种还应建立苗圃培育基地，进行移栽驯化以及应用多种繁育方法进行栽培。最后，将栽培成功的珍稀、特有物种回归自然是珍稀、特有植物保护的最终归宿，从而实现珍稀、特有植物资源的可持续性发展与利用。

（四）合理开发利用

合理开发利用是最好的保护，保护珍稀、特有植物的最终目的就是实现对这些物种的可持续利用。珍稀、特有植物虽然珍贵，但并非不可再生资源。通过育种与栽培研究，增强其种苗繁育能力，提高其产业化程度，扩大其种群数量，就是最好的保护。例如，珍稀植物南方红豆杉、鹅掌楸等，原先均属于濒危物种，经过科学繁育，实现了产业化，目前其种群数量已壮大，事实上已经摆脱了濒危状态，成为通过合理利用达到保护目的的典范。

根据保护区珍稀、特有植物的现状，应加强对单性木兰、掌叶木、白花兜兰、小叶兜兰、香木莲、香果树、半枫荷、八角莲、荔波杜鹃、荔波唇柱苣苔、荔波球兰等药用、观赏植物的培育研究，壮大其种群数量，着力提高产业化利用，充分发挥其生态、经济和社会效益。

各论

第六章

《濒危野生动植物种国际贸易公约》（附录Ⅰ）物种

1. 小叶兜兰

Paphiopedilum barbigerum Fang et F. T. Wang

主要形态识别特征及生境

地生或半附生植物。叶基生，2列，5或6枚；叶片宽线形，长8～19cm，宽7～18mm，先端略钝或有时具2小齿，基部收狭成叶柄状并对折而互相套叠，无毛或近基部边缘略有缘毛。花葶直立，长8～16cm，有紫褐色斑点，密被短柔毛，顶端1花；花苞片绿色，背面下半部疏被短柔毛或仅基部有毛；花梗和子房长2.6～5.5cm，密被短柔毛；花中等大；中萼片中央黄绿色至黄褐色，上端与边缘白色，合萼片与中萼片同色但无白色边缘，花瓣边缘奶油黄色至淡黄绿色，中央有密集的褐色脉纹或整个呈褐色，唇瓣浅红褐色；中萼片近圆形或宽卵形，先端钝，基部有短柄，背面被短柔毛；花瓣狭长圆形或略带匙形，长3～4cm，宽约1cm，边缘波状，先端钝，基部疏被长柔毛；唇瓣倒盔状，基部具宽阔的、长1.5～2.0cm的柄；囊近卵形，长2.0～2.5cm，宽1.5～2.0cm，囊口极宽阔，两侧各具1个直立的耳，两耳前方的边缘不内折，囊底有毛；退化雄蕊宽倒卵形，长6～7mm，宽7～8mm，基部略有耳，上面中央具1个脐状凸起。花期9～11月；果期2～4月。

生于海拔600～800m的喀斯特森林下，常以半附生形式生长于石壁上或岩石缝隙积土中。

地理分布

分布于广东西北部、广西北部至西北部、云南东南部、贵州南部至中部。贵州分布于荔波、独山、福泉、开阳、清镇、兴义、兴仁。越南北部、泰国亦有分布。在茂兰国家级自然保护区属于常见种，主要分布于核心区和缓冲区，且数量较多，常与苔藓混生在一起。

种群与群落特征

小叶兜兰多分布于坡中部一带，高10～15cm，常聚群生长，5～8株聚为一丛。种群的繁殖方式有无性繁殖与有性繁殖，幼株从母株根部分蘖，但分蘖能力较弱，居群的扩大主要常靠有性繁殖，尚有一定种群数量。坐果率低，种群自然更新能力弱。

小叶兜兰所处的林分群落乔木层高5～10m，种类有化香树、朴树、云贵鹅耳枥、黄梨木、腺叶山矾、榆树*Ulmus pumila*、掌叶木；灌木层种类有小叶女贞*Ligustrum quihoui*、贵州悬竹、方竹*Chimonobambusa quadrangularis*等，伴生草本有冷水花、短叶小石藓*Weisia semipallida*等。

生存状态

列入《濒危野生动植物种国际贸易公约》（附录Ⅰ），禁止贸易。在《中国生物多样性红色名录——高等植物卷》中列为濒危（EN）种。在茂兰国家级自然保护区内尚有一定数量，约有5000株，但自身繁殖能力较弱，且受人为采挖威胁大，处于濒危状态。

扩繁技术

在野外自然环境条件下，种子萌发率低，通过无菌播种技术有利于解决其繁殖问题，短期内可以获得大量种苗用于野外种群恢复和规模化开发。种子萌发培养基：1/2 MS+100mL/L椰乳。原球茎增殖及分化培养基：1/2 MS+6-BA 0.5mg/L+NAA 0.1mg/L+100mL/L椰乳。壮苗及生根培养基：1/2 MS+IBA 0.2mg/L+2g/L活性炭。以上培养基均加入2.0%蔗糖和0.6%琼脂，pH 5.2～5.4。培养温度为（25±2）℃，光照强度为30～40mmol/(m^2·s)，光照时间为12h/d。

2. 白花兜兰
Paphiopedilum emersonii Koopowitz et Cribb

主要形态识别特征及生境

地生或半附生植物。叶基生，2列，3～5枚；叶片狭长圆形，长13～17cm，宽3.0～3.7cm，先端近急尖，上面深绿色，通常无深浅绿色相间的网格斑，背面淡绿色并在基部有紫红色斑点，中脉在背面呈龙骨状凸起，基部收狭成叶柄状并对折而彼此套叠。花葶直立，长11～12cm或更短，淡绿黄色，被疏柔毛，顶端生1花；花苞片黄绿色，宽椭圆形，长达3.8cm，宽约2cm，近白色；花大，直径8～9cm，白色，有时带极淡的紫蓝色晕，花瓣基部有少量栗色或红色细斑点，唇瓣上有时有淡黄色晕，通常具不甚明显的淡紫蓝色斑点；花瓣宽椭圆形至近圆形，长约6cm，宽约5cm，先端钝或浑圆，两面略被细毛。花期4～6月；果期9～10月。

生于海拔600～800m的喀斯特森林下，常以半附生形式生长于悬崖和石壁上或岩石缝隙潮湿处并常有钙华形成的腐殖土中。

地理分布

仅分布于贵州南部及广西北部石灰岩山地，在贵州省仅产于荔波茂兰国家级自然保护区及兴义境内。在茂兰国家级自然保护区分布于尧古、瑶寨、洞亮、洞约、

加别、吉洞，6个居群的总分布面积不足500m²，共87丛621株。

种群与群落特征

白花兜兰常聚群生长于林下常年潮湿崖壁的岩石上。通常高10～20cm，每丛有3～10株。幼株从母株根部分蘖，但分蘖能力较弱，居群的扩大主要常靠有性繁殖，但结种特别依赖昆虫，坐果率低，且种子在自然条件下需与真菌共生才能萌发，发芽率极低。因此种群数量不多，种群自然更新能力极弱。

白花兜兰所处的林分群落乔木层高3～5m，种类有黔竹、香叶树、石岩枫*Mallotus repandus*、山胡椒、桂楠*Phoebe kwangsiensis*、黄丹木姜子*Litsea elongata*、樱桃*Cerasus serrulata*等；灌木层种类有齿叶黄皮、贵州悬竹、南天竹等；草本层高20～50cm，伴生草本有莎草*Cyperus* sp.、鸢尾*Iris tectorum*、翠云草*Selaginella uncinata*、兔耳兰*Cymbidium lancifolium*、冷水花、宽叶金粟兰*Chloranthus henryi*、蜘蛛抱蛋*Aspidistra elatior*等。

生存状态

我国特有种，列入《濒危野生动植物种国际贸易公

约》（附录Ⅰ），禁止贸易。在《中国生物多样性红色名录——高等植物卷》中列为极危（CR）种。在茂兰国家级自然保护区内仅有6个居群600余株，自身繁殖能力弱，且受人为采挖威胁极大，种群数量急剧减少，处于极危状态。

扩繁技术

白花兜兰在自然状态下结种率低，繁殖能力弱，野生种群难以扩大。其种子在自然条件下需与真菌共生才能萌发，发芽率极低。可采用人工授粉的方式提高结种率，采集种子进行组织培养和快速繁殖。通过无菌播种可以在短期内提供大量种苗。将种苗拿到野外居群地或与之生境相似的地段进行回植，扩大野外居群的数量，确保白花兜兰种群的良性延续。

种子萌发培养基：1/2 MS+100mL/L椰乳。原球茎增殖及分化培养基：1/2 MS+6-BA 1.0mg/L+NAA 0.05mg/L+100mL/L椰乳。壮苗及生根培养基：1/2 MS+IBA 0.2mg/L。以上培养基均加入2g/L活性炭、2.0%蔗糖和0.6%琼脂，pH 5.2～5.4。培养温度为（25±2）℃，光照强度为30～40mmol/(m^2·s)，光照时间为12h/d。

3. 硬叶兜兰
Paphiopedilum micranthum Tang et F. T. Wang

主要形态识别特征及生境

地生或半附生植物，地下具细长而横走的根状茎；具少数稍肉质而被毛的纤维根。叶基生，2列，4或5枚；叶片长圆形或舌状，坚革质，长5～15cm，宽1.5～2.0cm，先端钝，上面有深浅绿色相间的网格斑，背面有密集的紫斑点并具龙骨状凸起，基部收狭成叶柄状并对折而彼此套叠。花葶直立，紫红色而有深色斑点，被长柔毛，顶端具1花；花苞片卵形或宽卵形，绿色而有紫色斑点，长1.0～1.4cm，背面疏被长柔毛；花梗和子房被长柔毛；花大，艳丽，中萼片与花瓣通常白色而有黄色晕和淡紫红色粗脉纹，唇瓣白色至淡粉红色；中萼片卵形或宽卵形，先端急尖，背面被长柔毛并有龙骨状凸起；花瓣宽卵形、宽椭圆形或近圆形，长2.8～3.2cm，宽2.6～3.5cm，先端钝或浑圆，内表面基部具白色长柔毛，背面多少被短柔毛；唇瓣深囊状，卵状椭圆形至近球形，长4.5～6.5cm，宽4.5～5.5cm，基部具短爪，囊口近圆形，整个边缘内折，囊底有白色长柔毛；2枚能育雄蕊由于退化雄蕊边缘的内卷而清晰可辨。花期3～5月，花色泽变化较大。

生于海拔700～1000m的喀斯特森林下，靠近山顶和山脊荫蔽干燥处岩石缝隙或积土处。

地理分布

分布于广西西南部、贵州南部和云南东南部（麻栗坡、西畴、文山）。贵州分布于荔波、望谟、贞丰、安龙、兴义、兴仁、梵净山、江口、德江、沿河等地。越南也有分布。在茂兰国家级自然保护区属于广布种，主要分布于核心区和缓冲区，且数量较多。

种群与群落特征

硬叶兜兰多分布于山顶和山脊，喜荫蔽干燥，土壤为林下腐殖土，排水良好，有机质丰富，常与苔藓混生

在一起。常丛状或小片状生长，3～8株聚为一丛，有时几十上百株聚为片状。种群的繁殖方式有无性繁殖与有性繁殖，尚有一定种群数量。但结果率极低，野外极少见结实植株，种群自然更新能力弱。

硬叶兜兰所处的林分群落乔木层高5～6m，种类有华南五针松、短叶黄杉、黄枝油杉、岩生翠柏、乌冈栎、细叶青冈、荔波鹅耳枥、化香树等；灌木层种类有球核荚蒾、中华绣线菊、金丝桃*Hypericum monogynum*、石山吴萸、旌节花*Stachyurus* sp.、光枝勾儿茶、南天竹等；伴生草本有长梗薹草*Carex glossostigma*、蕙兰*Cymbidium faberi*、亮叶鸡血藤*Callerya nitida*、冷水花、荩草*Arthraxon hispidus*、江南卷柏*Selaginella moellendorffii*等 。

生存状态

列入《濒危野生动植物种国际贸易公约》（附录Ⅰ），禁止贸易。在《中国生物多样性红色名录——高等植物卷》中列为易危（VU）种。在茂兰国家级自然保护区内有较多数量，达1万余株，自身繁殖能力较弱，且受人为采挖威胁极大，处于相对濒危状态。

扩繁技术

硬叶兜兰在保护区内有一定数量，保护工作重点是加强对野外分布点的保护，防止人为采挖，保护野生居群的生境和数量。另外也要进行人工繁殖，扩大种群数量。

目前主要采用种子进行无菌播种繁殖，具体方法为：将收集的蒴果用自来水清洗干净，然后在超净工作台上先用75%乙醇浸泡30s，再用0.1%氯化汞溶液浸泡16min，无菌水清洗6次，取出蒴果，用无菌滤纸吸干水分，剖开蒴果并将种子均匀地撒播在培养基表面。培养基为1/4 MS或1/5 MS+10% CM+2%蔗糖+0.56%琼脂+0.1%活性炭，培养温度为（24 ± 1）℃，光照强度为2000lx，光照时间为12h/d。培养基中含1%琼脂，3%蔗糖，pH为5.6。种子先进行暗培养，待原球茎转绿出芽后，将原球茎转入育苗培养基中，当小苗出现两枚叶后，转接到壮苗培养基上培养，3～4个月后出瓶栽培。移栽前需进行7天的炼苗处理，炼苗后移栽成活率高达90%。移栽基质以树皮：蛭石=2：1为宜，移栽成活率高达91%以上。试管苗移栽后，需保持雾状喷水，将相对湿度保持在85%左右。

4. 麻栗坡兜兰

Paphiopedilum malipoense S. C. Chen et Z. H. Tsi

主要形态识别特征及生境

地生或半附生植物，具短的根状茎。叶基生，2列，7或8枚；叶片长圆形或狭椭圆形，革质，长10～23cm，宽2.5～4.0cm，先端急尖且稍具不对称的弯缺，上面有深浅绿色相间的网格斑，背面紫色或具不同程度的紫色斑点，极少紫点几乎消失，中脉在背面呈龙骨状凸起，基部收狭成叶柄状并对折而套叠，边缘具缘毛。花葶紫色，具锈色长柔毛，中部常有1枚不育苞片，顶端生1花；花直径8～9cm，黄绿色或淡绿色，花瓣上有紫褐色条纹或多少由斑点组成的条纹，唇瓣上有时有不甚明显的紫褐色斑点，退化雄蕊白色而近先端有深紫色斑块，较少斑块完全消失；花瓣倒卵形、卵形或椭圆形，长4～5cm，宽2.5～3.0cm，先端急尖或钝，两面被微柔毛，内表面基部有长柔毛，边缘具缘毛；唇瓣深囊状，近球形，长与宽各4.0～4.5cm，囊口近圆形，整个边缘内折，囊底有长柔毛。花期12月至翌年3月。

生于海拔700～900m的喀斯特森林下，靠近小山顶或近山顶多石处或积土岩壁上。

地理分布

分布于广西西部（那坡）、北部（环江），贵州西南部（兴义）、南部（荔波、望谟）、北部（沿河）和云南东南部（麻栗坡、文山、马关）。越南也有分布。在茂兰国家级自然保护区内仅有两个分布点：洞塘计才和瑶所，分布面积为200m²，数量仅为50余株。

种群与群落特征

麻栗坡兜兰多分布于山中上部，喜荫蔽干燥，土壤为林下腐殖土，排水良好，有机质丰富，常丛状或小片状生长，3～5株聚为一丛。种群的繁殖方式有无性繁殖与有性繁殖，但结果率极低，野外极稀见结实植株，种群自然更新能力弱。

麻栗坡兜兰所处的林分群落乔木层高5～8m，种类有化香树、黄梨木、青冈、荔波鹅耳枥、细叶青冈、角叶槭等；灌木层种类有贵州悬竹、南天竹、球核荚蒾、齿叶黄皮等；伴生的草本有长梗薹草、蕙兰、冷水花、荩草、肾蕨*Nephrolepis cordifolia*和翠云草等。

生存状态

列入《濒危野生动植物种国际贸易公约》（附录Ⅰ），禁止贸易。在《中国生物多样性红色名录——高等植物卷》中列为极危（CR）种。在茂兰国家级自然保护区内仅有两个居群50余株，自身繁殖能力弱，且受人为采挖威胁极大，处于极危状态。

扩繁技术

可采用种子进行无菌播种，具体方法为：将蒴果用自来水清洗，用70%乙醇浸泡1min，转入0.1% $CaCl_2$溶液中浸泡15min，无菌水冲洗3～5次，取出蒴果，用无菌滤纸吸干水分，剖开蒴果，将种子放入0.5% NaCl溶液中处理8min，用一次性注射器吸出液体，倒入无菌水清洗种子1次，最后将种子均匀地撒播在培养基表面并进行暗培养。培养基为1/4 MS+100mL/L椰乳+2%蔗糖+0.58%琼脂+1g/L活性炭，pH为5.4～5.6，培养温度为25℃。暗培养8周后，进行光培养，光照强度为30～50mmol/（m^2·s），光照时间为10～12h/d。待组培苗高于5cm后，将其移入大棚条件下适应10～15天，用镊子夹住苗基部小心取出，洗净根部培养基，用0.1%高锰酸钾溶液浸泡2min，晾干后定植于粒粗3～5mm的松树皮基质中，15天内注意保湿，防止叶面脱水。30天后新根萌动，随即进行正常的水、肥、药管理即可。

5. 带叶兜兰
Paphiopedilum hirsutissimum (Lindl ex Hook. f.) Stein

主要形态识别特征及生境

地生或半附生植物。叶基生，2列，5或6枚；叶片带形，革质，长16～45cm，宽1.5～3.0cm，先端急尖并常有2小齿，上面深绿色，背面淡绿色并稍有紫色斑点，特别是在近基部，中脉在背面略呈龙骨状凸起，无毛，基部收狭成叶柄状并对折而多少套叠。花葶直立，通常绿色并被深紫色长柔毛，基部常有长鞘，顶端生1花；花苞片宽卵形，长8～15mm，宽8～11mm，先端钝，背面密被长柔毛，边缘具长缘毛；花梗和子房长4～5cm，具6纵棱，棱上密被长柔毛；花较大，中萼片和合萼片除边缘淡绿黄色外，中央至基部有浓密的紫褐色斑点甚至连成一片，花瓣下半部黄绿色而有浓密的紫褐色斑点，上半部玫瑰紫色并有白色晕，唇瓣淡绿黄色而有紫褐色小斑点；花瓣匙形或狭长圆状匙形，长5.0～7.5cm，宽2.0～2.5cm，先端常近截形或微凹，稍扭转；唇瓣倒盔状，基部具阔柄；囊椭圆状圆锥形或近狭椭圆形，长2.5～3.5cm，宽2.0～2.5cm，囊口两侧各有1个直立的耳，两耳前方边缘不内折，囊底有毛。花期4～5月。

生于海拔400～600m的喀斯特峡谷河流两岸林下岩壁湿润积土上。

地理分布

分布于广西西部至北部（龙州、天峨）、贵州南部和西南部、云南东南部（富宁、文山、麻栗坡）。贵州分布于荔波、平塘、罗甸、望谟、安龙、兴义、兴仁。印度东北部、越南、老挝和泰国也有分布。在茂兰国家级自然保护区分布于保护区边缘的捞村河峡谷中，有5000～6000株。

种群与群落特征

带叶兜兰常聚群生长于峡谷河流两岸林下岩壁上，高20～30cm，呈丛状或片状分布，10～20株聚为一丛，有时几十上百株聚为一大丛。居群的扩大依靠无性繁殖与有性繁殖。幼株从母株根部分蘖，分蘖能力较强。因此种群密度大，有一定的坐果率，自然更新能力较强。

带叶兜兰所处的林分群落乔木层高5～8m，种类有核果木*Drypetes indica*、天峨槭、歪叶榕*Ficus cyrtophylla*、青冈、狭叶润楠、云贵鹅耳枥等；灌木层种类有九里香*Murraya exotica*、窄叶蚊母树*Distylium dunnianum*、河滩冬青*Ilex metabaptista*、清香木*Pistacia weinmanniifolia*、假苹婆*Sterculia lanceolata*、棕竹*Rhapis excelsa*等；伴生草本有肾蕨、翠云草、狭翅巢蕨、冷水花、荩草、石豆兰、盾叶秋海棠*Begonia peltatifolia*。

生存状态

列入《濒危野生动植物种国际贸易公约》（附录Ⅰ），禁止贸易。在《中国生物多样性红色名录——高等植物卷》中列为易危（VU）种。在保护区边缘仅有一个分布点。带叶兜兰种群虽然有一定的自身繁殖能力，但受人为采挖和电站蓄水淹没威胁极大，现存数量不多，处于濒危状态。

扩繁技术

目前，带叶兜兰可采用种子原地共生萌发或无菌播种两种方式进行繁殖。带叶兜兰果熟期10～11月，于每年10月下旬采集自然授粉结实、发育良好且未开裂的带叶兜兰蒴果，置于4℃条件下干燥保存备用。无菌播种的具体方法为：将带叶兜兰蒴果流水冲洗后移至超净工作台，用75%乙醇浸泡10min，0.1%次氯酸钠浸泡15min，无菌水冲洗3～5次，然后用无菌滤纸吸干多余的水分，切开果皮，将种子撒播在1/2 MS+30g/L葡萄糖+6g/L琼脂且pH为5.2～5.4的培养基上，培养温度为23～25℃。接种后暗培养3周左右，待种子萌发后，转移至光照强度为1500～2000lx的条件下培养，光照时间为12h/d，约7周有芽长出。待带叶兜兰幼苗长到2或3枚叶时可进行移栽，移栽前需经过炼苗处理，即将瓶苗从培养室移至与外界相通的室内放置1天，去瓶盖炼苗3～7天，然后洗净瓶苗根部的培养基，用稀释1000倍的甲基硫菌灵或多菌灵浸泡其根部，放置于通风阴凉处晾干水分至根系发白变软即可移栽，移栽时选择碎树皮作为瓶苗移栽基质，成活率可高达96%。种子原地共生萌发是指将带叶兜兰种子装入尼龙膜制成的袋子中，埋于带叶兜兰原生境，使其生根发芽。具体方法为：随机取一个果荚，用75%乙醇反复擦拭果实表面，切开果实，将种子撒入0.3%的糊状水琼脂中，轻轻搅拌使种子分散，制成种子悬浮液，均匀涂抹于尼龙膜制成的种子袋内，然后将种子袋埋于野生成年带叶兜兰植株根部附近，周围覆盖腐殖质即可。

第七章

国家一级重点保护野生植物

1. 红豆杉

Taxus chinensis (Pilg.) Rehd.

主要形态识别特征及生境

乔木，树皮灰褐色、红褐色或暗褐色，裂成条片脱落。大枝开展，一年生枝绿色或淡黄绿色，秋季变成绿黄色或淡红褐色，二年生、三年生枝黄褐色、淡红褐色或灰褐色。叶排列成2列，条形，微弯或较直，长1～3cm，宽2～4mm，上部微渐窄，先端常微急尖，稀急尖或渐尖，上面深绿色，有光泽，下面淡黄绿色，有2条气孔带，中脉带上有密生均匀而微小的圆形角质乳头状凸起点，常与气孔带同色。雄球花淡黄色，雄蕊8～14枚。种子生于杯状红色肉质的假种皮中，间或生于近膜质盘状的种托之上，常呈卵圆形，上部渐窄，稀倒卵状，长5～7mm，径3.5～5.0mm。

生于海拔900～1100m的山上部或山顶、山脊岩缝中。

地理分布

分布于甘肃南部，陕西南部，四川，云南东北部及东南部，贵州东部、西部及南部，湖北西部，湖南东北部，广西北部和安徽南部（黄山）。在茂兰国家级自然保护区，主要分布在翁昂洞常、洞塘洞化、甲良洞庭等地，数量为2000～3000株。

种群与群落特征

红豆杉多生长于山上部，具有喜阴、耐旱、抗寒的特点，现有植株多为成树，胸径最大达14.7cm，平均胸径为10cm，呈单株散生于林中，处于乔木层下层，周边幼树极少。生长速度缓慢，自然更新能力差。

红豆杉所处林分乔木层高5～10m，郁闭度为70%。树种主要有短叶黄杉、华南五针松、荔波鹅耳枥、乌冈栎、化香树、角叶槭、葛罗枫*Acer davidii* subsp. *grosseri*、罗浮槭*Acer fabri*等；灌木层种类有贵州悬竹、齿叶黄皮、桃叶珊瑚*Aucuba chinensis*、球核荚蒾、火棘*Pyracantha fortuneana*等；草本层植物有扁穗莎草、黄精*Polygonatum sibiricum*、长梗薹草等。

生存状态

我国特有种，国家一级重点保护野生植物。在《中国生物多样性红色名录——高等植物卷》中列为易危（VU）种。因大多生于山顶密林岩石缝隙中，生境恶劣，种子又容易被鸟类和啮齿类动物采食，加上具有药用价值而被严重砍伐，现有植株数量较少，且长势较差，少实生，多萌生，濒于灭绝，处于极危状态。

扩繁技术

红豆杉可进行播种或组织培养繁殖（组培繁殖）。播种繁殖：采种后，采回的种子洒水覆膜堆沤3～5天，用浓硫酸溶液将种子浸泡0.5h，捞出冲去硫酸后将种子除去假种皮，搓洗干净，在通风条件下阴干。阴干的种子沙藏，苗床选择土层深厚、结构疏松、含腐殖质多、排水良好的沙质壤。翌年春季播前20～30天将沙藏后的种子取出，置于背风向阳坡摊晒，上罩塑料膜增温，并注意浇水保湿。当有1/3种子露白时筛出种子，置于0.2%高锰酸钾溶液中消毒10min，再用清水冲洗干净，晾干明水后即可播种。覆土厚度宜为种子直径的2～3倍，之后覆盖稻草以便浇水，发芽期浇水要少浇勤浇，出苗2/5后撤去稻草，此后可搭建遮阳篷，并加强水肥管理与及时除草，培育2～3年后可出圃。组培繁殖：红豆杉组培繁殖的外植体需选择二年生或当年生嫩枝，剪5～8mm的茎段，保留1或2枚叶子，接种于添加适量AC（活性炭）、BA（细胞分裂素）、IBA（生长素）的MS培养基上；当茎段增生时，BA的浓度要高于IBA；当生根诱导时，BA的浓度则相对低。试管苗生根后主根长超过15mm，侧根有3～5根后将其转移至土壤容器中继续在室内培养，转移前先将试管苗的容器封口打开培养2～3天，这个过程中需注意水分变化，待其适应土壤中生长后转移至苗圃培育，达到造林要求后出圃。

2. 南方红豆杉
Taxus chinensis (Pilg.) Rehd. var. **mairei** (Lemée et Lévl.) S. Y. Hu

主要形态识别特征及生境

本变种与红豆杉的区别主要在于叶常较宽、长，多呈弯镰状，通常长2.0～3.5cm，宽3～4mm，上部常渐窄，先端渐尖，下面中脉带上无角质乳头状凸起点，或局部有成片或零星分布的角质乳头状凸起点，或与气孔带相邻的中脉带两边有一至数条角质乳头状凸起点，中脉带明晰可见，其色泽与气孔带相异，呈淡黄绿色或绿色，绿色边带亦较宽而明显；种子通常较大，微扁，多呈倒卵圆形，上部较宽，稀柱状矩圆形，长7～8mm，径5mm，种脐常呈椭圆形。花期4～5月；果期10月。

通常生于700～900m山脚腹地较为潮湿处的山谷、溪边、缓坡腐殖质丰富的酸性土壤中。

地理分布

分布于安徽南部、浙江、台湾、福建、江西、广东北部、广西北部及东北部、湖南、湖北西部、河南西部、陕西南部、甘肃南部、四川、云南东北部及贵州大部。在茂兰国家级自然保护区仅分布于翁昂莫干、洞多、甲良洞庭，数量为8000～10 000株。

种群与群落特征

南方红豆杉为耐阴树种，多生长于山中部，垂直分布一般较红豆杉低。现有植株多为大树，呈单株散生于林中，处于乔木层上层，周边幼树极少。生长速度缓慢，自然更新能力差。

南方红豆杉所处林分乔木层高8～15m，郁闭度

为80%。组成树种主要有乌冈栎、化香树、冬青*Ilex chinensis*、云贵鹅耳枥、荔波鹅耳枥、细叶青冈、黄梨木、腺叶山矾、圆叶乌桕、裂果卫矛*Euonymus dielsianus*、黄杞、多脉青冈*Quercus multinervis*、润楠*Machilus* sp.、角叶槭、贵州琼楠*Beilschmiedia kweichowensis*、光叶海桐*Pittosporum glabratum*、棱果海桐等；灌木层种类有蚊母树*Distylium racemosum*、贵州悬竹、岩柿*Diospyros dumetorum*、齿叶黄皮、巴豆*Croton tiglium*、球核荚蒾等；草本层种类有长梗薹草、蕙兰、冷水花、庐山楼梯草*Elatostema stewardii*、肾蕨、石韦*Pyrrosia lingua*、翠云草等。

生存状态

我国特有种，国家一级重点保护野生植物。在《中国生物多样性红色名录——高等植物卷》中列为易危（VU）种。因有药用价值而被严重砍伐，现有植株数量较少，种子又容易被鸟类和啮齿类动物采食，在茂兰国家级自然保护区有衰退的趋势，已经处于濒危状态。

扩繁技术

南方红豆杉可采用播种以及扦插繁殖。播种繁殖：11月中旬其假种皮深红后采种，除去假种皮并洗净后沙藏，宜选择阴坡中性或微酸性肥沃疏松的土壤作为育苗地。播种前选用60%乙醇和40℃的温水按1：1浸泡20min，捞出后再用5000mg/kg赤霉素浸泡24h，以便诱导水解酶的产生，促使其萌发，可有效提高发芽率。采用0.5%高锰酸钾溶液消毒，播种应撒均匀，覆土厚2cm左右后喷足水，苗床上覆盖塑料拱棚，塑料拱棚上方搭遮阴网。在出苗过程中应视天气情况适时浇水和揭膜通风，保持苗床湿润。之后注意水肥管理，及时除草与预防病害。待达到苗木要求后出圃。扦插繁殖：在南方红豆杉中下部位选取一年生或当年生枝条，剪成8～10cm长的插穗。剪穗时切口要齐整，上口平齐，下口马蹄形，上下剪口离叶或芽0.5～1.0cm，剪好后用ABT 6号生根粉浸泡，浓度为100mg/kg，浸泡时间为2h，以便生根或成活，扦插深度为3～4cm，扦插后略作按压，插后浇透水并覆盖薄膜。每天用喷雾喷清水1～3次以保持叶面湿润。11月下旬至翌年2月上旬用塑料薄膜搭弓棚覆盖，提高床面湿度，扦插两个月后用ABT 6号生根粉20ppm①溶液喷施2次，促使其伤口愈合，生根；5～10月，每月用0.5%尿素溶液和1%磷酸二氢钾溶液各喷施一次，促其生长。生根后转移至苗圃培养，达到苗木要求后出圃。

① ppm，浓度单位。1ppm=1×10^{-6}。

3. 单性木兰
Kmeria septentrionalis Dandy

主要形态识别特征及生境

常绿乔木，高达18m，胸径40cm，树皮灰色。小枝绿色，初被平伏短柔毛。叶革质，椭圆状长圆形或倒卵状长圆形，长8～15cm，宽3.5～6.0cm，先端圆钝而微缺，基部阔楔形，叶两面无毛，或叶背嫩时基部有稀疏柔毛，上面亮绿色，侧脉每边12～17条，干时网脉两面凸起，叶柄长2.0～3.5cm，初被灰色柔毛，后变无毛，托叶痕几达叶柄先端。花单性异株，雄花花被片白带淡绿色，外轮3片倒卵形，内轮2片椭圆形；雄蕊群白色带淡黄色，倒卵圆形；雄蕊长1.8～2.5cm，雌花外轮花被片3，倒卵形，内轮花被片8～10，线状披针形；雌蕊群绿色，倒卵圆形，具6～9枚雌蕊，花柱短。聚合果近球形，果皮革质，熟时红色，蓇葖背缝全裂；种子外种皮红色，豆形或心形，宽10～12mm，高7～9mm，去除外种皮的种子黑褐色，顶端平或稍凹，具狭长沟，中具柄，腹背两面数块具不规则凸起。花期5～6月；果期10～11月。

生于海拔400～700m的喀斯特常绿落叶阔叶混交林中。

地理分布

分布于广西北部（罗城、环江）、贵州东南部（荔波）。在茂兰国家级自然保护区分布于板寨、洞腮、高望、洞多、洞常、拉叭、吉洞、瑶兰、弄用等地。资源量较丰富，为30 000～35 000株。

种群与群落特征

单性木兰为喜光、喜钙树种，常散生或呈小片状分布于喀斯特森林中，高达20余米，胸径10～20cm，花单性，且雌雄异株，幼树较耐阴，萌芽能力强，种群天然更新能力较强。

单性木兰树体通直，常处于林分乔木层上层，是喀斯特森林的主要组成树种和特有树种。群落乔木层组成树种有朴树、圆叶乌桕、云贵鹅耳枥、化香树、青冈、樟叶槭、黄连木、黄梨木、掌叶木、贵州琼楠、宜昌润楠、任豆*Zenia insignis*、贵州泡花树*Meliosma henryi*、大肉实树*Sarcosperma arboreum*、石楠（原变种）*Photinia serratifolia* var. *serratifolia*、野漆*Toxicodendron succedaneum*、光叶海桐等；灌木层种类有野独活*Miliusa balansae*、九里香、齿叶黄皮、黄棉木*Metadina trichotoma*、夜合花*Lirianthe coco*、岩柿、角叶槭、香叶树、近轮叶木姜子*Litsea elongata* var. *subverticillata*、多脉榆、海南树参、罗伞*Brassaiopsis glomerulata*、巴东荚蒾*Viburnum henryi*、黔竹、石岩枫等；草本层主要植物有狭翅巢蕨、石蒜*Lycoris radiata*、翠云草、吊石苣苔*Lysionotus pauciflorus*、长梗薹草、庐山楼梯草、冷水花、菘蓝*Isatis tinctoria*、扁穗莎草、肾蕨等。

生存状态

我国特有种，国家一级重点保护野生植物，但未列入《中国生物多样性红色名录——高等植物卷》。在《中国物种红色名录》（2003版）中列为濒危（EN）种。该种在贵州仅分布于荔波茂兰国家级自然保护区核心区内，人为干扰极少，生长状况良好。然而分布区域过于集中，分布范围相对狭窄，且因树干通直、材质优良而易受人为盗伐，处于濒危状态。

扩繁技术

该种种子数量较为丰富，可采集种子进行人工繁殖育苗。目前主要是通过播种繁殖，尚未见无性繁殖的相关报道。选择壮年期无病虫害和长势好的母树，蓇果开始开裂，果皮由青黄色变为红褐色时采收果实。果实采收后，将采到的果实于室内摊晾，自然开裂后取出带有红色外种皮的种子，用洗衣粉水浸泡6～8h，用清水把假种皮清洗干净。将制好的种子用0.1%高锰酸钾溶液浸泡10～15min消毒，清水漂洗后，放阴凉处晾干表面水分，用湿沙贮藏。选用背风向阳、地势平坦区域的肥沃疏松沙质土壤进行育苗。用1%多菌灵对苗床进行土壤消毒。根据就地取材原则，取森林表土60%+红心土20%+土杂肥20%配成营养土，打碎过筛，消毒处理。采用直径5cm、高12cm的营养袋，排床前，将营养土装满容器，将装填好营养土的容器整齐摆放到苗床上，容器口平整一致，苗床周围用土培好，容器间隙用细土填实。沙藏后的种子大部分会发芽，播种前先将容器的营养土用水润透，每一容器播种1粒，容器全部播完后，及时覆土，厚度为1.0～1.5cm。播种完后搭棚遮阴，之后进行水肥管理并注意防治病害，待达到成苗要求后转移至适宜区域回归种植。

4. 掌叶木
Handeliodendron bodinieri (H. Lév.) Rehder

主要形态识别特征及生境

落叶乔木，树皮灰色。小枝圆柱形，褐色，无毛，散生圆形皮孔。叶柄长4～11cm；掌状复叶对生，小叶一般为5枚，薄纸质，椭圆形至倒卵形，长3～12cm，宽1.5～6.5cm，顶端常尾状骤尖，基部阔楔形，两面无毛，背面散生黑色腺点；侧脉10～12对，拱形，在背面略凸起；小叶柄长1～15mm。花序长约10cm，疏散，多花；花梗长2～5mm，无毛，散生圆形小鳞秕；萼片长椭圆形或略带卵形，长2～3mm，略钝头，两面被微毛，边缘有缘毛；花瓣长约9mm，宽约2mm，外面被贴伏柔毛；花丝长5～9mm，除顶部外被疏柔毛。蒴果全长2.2～3.2cm，其中柄状部分长1.0～1.5cm；种子长8～10mm。花期5月；果期7月。

生于海拔400～800m的喀斯特常绿落叶阔叶混交林中或林缘。

地理分布

分布于贵州南部和广西西北部两省接壤的石灰岩地区。在茂兰国家级自然保护区为广布种，全区均有分布。资源量较丰富，为50 000～60 000株。

种群与群落特征

掌叶木为典型喜钙树种和阳性树种，常呈单株散生于喀斯特森林中，一般高8～15m，胸径10～30cm，萌生枝条较多，长势优良，但树下及周边很少有幼苗。该种为乔木林分中的优势种，多居乔木层的上层或林缘，但没有形成纯林。群落乔木层盖度为90%，组成树种有化香树、云贵鹅耳枥、岩柿、裂果卫矛、齿叶黄皮、黄梨木、朴树、黄连木、荚蒾*Viburnum dilatatum*、腺叶山矾、圆叶乌桕等；灌木层种类有台湾十大功劳*Mahonia japonica*、野独活、九里香、黔竹、方竹、棕竹、南天竹等；草本层种类有冷水花、石韦、吊石苣苔、庐山楼梯草、菘蓝、扁穗莎草、狭翅巢蕨、肾蕨等。

生存状态

我国特有种，国家一级重点保护野生植物，但未列入《中国生物多样性红色名录——高等植物卷》和《中国物种红色名录》（2003版）。资源量较丰富，分布范围较广泛。但其种子含油量高，在潮湿的环境下，容易发芽腐烂，且易受鸟类和啮齿类动物采食，因此在林中很少见到幼苗，种群天然更新能力较弱，处于近危状态。

扩繁技术

掌叶木可进行播种或扦插繁殖。播种繁殖：采种后洗净其假种皮，可用清水或低浓度碱水浸泡后直接播种于内盛腐殖土的容器中，亦可采用苗床育苗，随采随播。出苗后加强水肥管理，培育2～3年可出圃造林。掌叶木种子在自然状态下有20%左右失去生活力，人工育苗发芽率最高可达84.5%，扦插繁殖有益于解决这一问题。扦插繁殖：插条茎粗在0.8cm时比0.5cm以下及1.0cm以上效果要好，选取生长良好、无病虫害或损伤的当年生枝条作为插穗，采集后的枝条从顶部向下剪成10～12cm长的插穗，上口剪平齐状，下口剪单侧马耳形，枝条上保留1/3的叶片。插穗修剪好后，在配制好的生根溶液中浸泡16h（双吉尔-GGR扦插效果优于IBA，浓度在50mg/L时效果较好），备用。扦插基质选取珍珠岩较腐殖土为好，插穗入土以5～6cm为宜。待培育成苗后可选取生境相似地段如凉水井等地进行回归种植。

5. 异形玉叶金花
Mussaenda anomala Li

主要形态识别特征及生境

攀缘灌木，小枝灰褐色，疏被贴伏柔毛，后无毛。叶对生，薄纸质，卵形或椭圆状卵形，长13～17cm，宽7.5～11.5cm，顶端渐尖，基部短尖，两面均有极疏散的短柔毛，上面绿色，下面淡白色；侧脉8～10对，略向上弯拱；叶柄长2.0～2.5cm，略被短柔毛；托叶早落。多歧聚伞花序顶生，有花多朵，具略贴伏的短柔毛；苞片早落，小苞片披针形，渐尖，长达1cm，有短柔毛，脱落；花梗长2～3mm；花萼管长圆形，长约5mm，有贴伏长硬毛，萼裂片5，全部增大为花瓣状的花叶；花叶卵状椭圆形，长2～4cm，宽1.5～2.5cm，顶端短尖，基部短尖或楔形，有纵脉5条，边缘及脉上多少被短柔毛，柄长1.5～2.5cm；花冠管长约1.2cm，宽4mm，上部扩大，外面密被贴伏短柔毛，内面的上部密被黄色棒状毛，花冠裂片5，卵形，短渐尖，长约3mm，外面有短柔毛，内面有黄色小疣突；雄蕊5枚，着生在花冠管上，花药长3mm，花丝短；花柱长约6mm，内藏，柱头2裂，线形，长4mm。浆果（仅见未成熟的）长4mm。花期6月；果期9月。

生于海拔600～1200m山下部光照充足的次生林缘、路边及农地周围。

地理分布

仅分布于广西大瑶山及贵州东南部的从江加叶、黎平岩洞、榕江乐里傜人溪和平永、荔波莫干等局部极其狭窄地区。在贵州分布区面积约为220hm^2，总株数不超过60株。茂兰国家级自然保护区仅分布在莫干花达一带，数量极少，仅存3株。

种群与群落特征

异形玉叶金花常单株生长在山下部土壤湿润、土层深厚，但阳光比较充足的地方，有时攀缘在中下层乔木树干之上，茂密的森林内或灌丛中都比较少见。植株萌生性强，种子稀少，不易萌发，种群自然更新能力较差。

植株高1～3m，常与其他小乔木或灌木混生。所处群落乔木层高2～3m，组成种类有枫香树*Liquidambar formosana*、野柿*Diospyros kaki* var. *silvestris*、香叶树、盐麸木*Rhus chinensis*等；灌木种类有金樱子*Rosa laevigata*、荨麻*Urtica fissa*、火棘、中华猕猴桃、木莓*Rubus swinhoei*等；草本层种类有白茅*Imperata cylindrica*、千里光*Senecio scandens*、乌蔹莓*Causonis japonica*等。

生存状态

我国特有种，国家一级重点保护野生植物，但未列入《中国生物多样性红色名录——高等植物卷》，在《中国物种红色名录》（2003版）中列为极危（CR）种。因多生长在林缘、路边及农地周围，极易在从事生产活动时被人为砍伐及烧毁。目前分布面积很小，个体数量极其稀少，濒于灭绝，处于极危状态。

扩繁技术

在自然状态下果实易受虫害，种子极稀少，且不易萌发，难以自然繁殖和更新。可采用扦插繁殖的方法，4～6月，选取生长健壮、无病虫危害的母树，取叶片完整、粗细均匀的当年生中上部绿枝，剪掉顶部嫩梢，再剪成长10cm左右规格的插穗，剪口马蹄形，要求平整，每个插穗带2或3个芽和2～4枚叶。以草炭土：蛭石：珍珠岩（1：1：1）为基质，以500mg/L IBA溶液浸泡处理10min，生根率最高，达87.5%。

通过组培途径建立完整的植株再生体系，亦能较好地保护异形玉叶金花种质资源。以异形玉叶金花幼嫩茎段为外植体，诱导愈伤组织的最佳培养基组合为MS+0.2mg/L 6-BA+1.5mg/L 2,4-D；愈伤组织分化的最佳培养基组合为MS+2.0mg/L 6-BA+0.5mg/L NAA +5g/L椰乳，诱导生根的最佳培养基组合为1/4 MS+0.5mg/L NAA+0.2mg/L IBA。

6. 单座苣苔

Metabriggsia ovalifolia W. T. Wang

主要形态识别特征及生境

多年生草本。茎高20～40cm，被褐色长柔毛。叶具短或长柄；叶片草质，两侧稍不对称，卵形，长5.0～25.5cm，宽2.5～17.0cm，顶端渐尖，基部斜圆形，边缘有浅波状小钝齿，两面被贴伏短柔毛，下面脉上及边缘有密的柔毛，侧脉每侧5～10条，与中脉成钝角或直角展出，在近边缘处向上弯曲；叶柄长0.3～7.0cm，被与茎相同的毛。聚伞花序生于茎上部叶腋，有长梗，有5～12朵花，二至三回分枝，节膨大；花序梗长7.5～12.5cm，被褐色腺毛；花梗长5～6mm，被短柔毛。花冠白色，带黄绿色，长约3.6cm，外面被疏柔毛，内面无毛；雄蕊无毛，花丝着生于距花冠基部1.4cm处；退化雄蕊3枚，无毛，侧生2枚着生于距花冠基部6mm处，长9～10mm，顶端稍变宽，中央1枚小，着生于距花冠基部7mm处，长1.5mm。雌蕊长约2.5cm，子房长约8mm，疏被短柔毛，花柱长16mm，下部疏被短柔毛，柱头小。蒴果线形，长约1.5cm，粗3mm，被短柔毛。种子长约0.4mm。花期10月；果期翌年3月。

生于海拔600～800m的喀斯特槽谷、漏斗林下潮湿荫蔽地段。

地理分布

分布于广西那坡、环江、南丹，云南麻栗坡，贵州荔波。在茂兰国家级自然保护区主要分布于翁昂、三岔

河、洞腮、久伟、板王等地，资源量相对丰富，数量为15 000～20 000株。

种群与群落特征

单座苣苔常聚群生长于林下阴暗潮湿处，高30～50cm。呈片状分布，有时几十上百株聚为一大片。居群的扩大主要靠有性繁殖。因种群密度大，坐果率高，自然更新能力较强。

单座苣苔所处的林分群落乔木层高10～20m，种类有巴东荚蒾、鹅掌柴*Heptapleurum heptaphyllum*、细叶青冈、朴树、岩柿、云贵鹅耳枥、灯台树*Bothrocaryum controversum*、掌叶木、化香树、贵州泡花树等；灌木层种类有齿叶黄皮、南天竹、台湾十大功劳、裂果卫矛、野独活、毛叶木姜子*Litsea mollis*等；伴生草本有西南冷水花、庐山楼梯草、山姜*Alpinia japonica*、天南星*Arisaema heterophyllum*、翠云草、三叶地锦*Parthenocissus semicordata*、常春藤*Hedera nepalensis* var. *sinensis*等。

生存状态

中国特有种，国家一级重点保护野生植物，在《中国生物多样性红色名录——高等植物卷》中列为近危

（NT）种。资源量相对丰富，但易受野外放牧牛群践踏的威胁，处于濒危状态。

扩繁技术

具有强的无性繁殖能力，茎段接触土壤便能长根，根不断吸收营养又能促使长茎。通常采用扦插繁殖的方法。基质以疏松、透气为主，可选用珍珠岩：泥炭土（1：1）。扦插时间为5～9月，在进行扦插时，可以采用叶片扦插和枝节扦插 2 种方法，其中叶片扦插容易染菌而腐烂，而枝节扦插长势良好，新芽生长茂盛，鲜见腐烂现象。扦插时，注意保湿，适当遮阴，避免阳光直射，不需激素处理，1个月即可生根，3个月即有新植株长出。亦可采用种子繁殖，10～11月收集果荚，翌年4～5月，室内温度18℃以上，播种基质为泥炭藓：泥炭土（10：1），1个月后即可发芽，幼苗期长，前2年生长非常缓慢。

因单座苣苔在保护区内尚有一定数量，重点是加强对野外分布点的保护，防止人为采挖和野外放牧牛群的践踏，保护野生居群的生境，使其通过自身繁殖进行种群的自然更新。

第八章

国家二级重点保护野生植物

1. 金毛狗

Cibotium barometz (L.) J. Sm.

主要形态识别特征及生境

蕨类植物。根状茎卧生，粗大，顶端生出一丛大叶，柄长达120cm，粗2～3cm，棕褐色，基部被有一大丛垫状的金黄色绒毛，长逾10cm，有光泽，上部光滑。叶片大，长达180cm，广卵状三角形，三回羽状分裂；下部羽片为长圆形，长达80cm，宽20～30cm，有柄（长3～4cm），互生，远离；一回小羽片长约15cm，宽2.5cm，互生，开展，接近，有小柄（长2～3mm），线状披针形，长渐尖，基部圆截形，羽状深裂几达小羽轴；末回裂片线形，略呈镰刀形，长1.0～1.4cm，宽3mm，尖头，开展，上部的向上斜出，边缘有浅锯齿，向先端较尖，中脉两面凸出，侧脉两面隆起，斜出，单一，但在不育羽片上分为二叉。叶几为革质或厚纸质，干后上面褐色，有光泽，下面为灰白或灰蓝色，两面光滑，或小羽轴上下两面略有短褐毛疏生。孢子囊群在每一末回能育裂片1～5对，生于下部的小脉顶端，囊群盖坚硬，棕褐色，横长圆形，两瓣状，内瓣较外瓣小，成熟时张开如蚌壳，露出孢子囊群；孢子为三角状的四面形，透明。

生于海拔420～700m的山麓沟边及林下阴湿酸性土中。

地理分布

分布于云南、贵州、四川南部、广东、广西、福建、台湾、海南、浙江、江西和湖南南部。在茂兰国家级自然保护区分布于三岔河螃蟹沟。资源量少，为200～300株。在距保护区不远的立化伍家河分布较多。

种群与群落特征

金毛狗喜酸性土壤，在红壤、黄壤上均可生长，多生于山的下部及溪沟、河谷两侧一带积土较厚且平缓地段，向上延伸一般不超过20m，喜阴、喜湿，是酸性土指示植物。常聚集丛生，孢子繁殖，自然状态下种群更新能力强。

金毛狗多居于林下草本层至灌木层。其所处林分乔木层高6～12m，乔木层种类有杨梅*Myrica rubra*、青冈、枫香树、贵州石楠、马尾松*Pinus massoniana*、杉木*Cunninghamia lanceolata*、南酸枣*Choerospondias axillaris*、香椿*Toona sinensis*、多脉青冈*Cyclobalanopsis multinervis*等；灌木层种类多为檵木，另有篌竹*Phyllostachys nidularia*、窄叶蚊母树*Distylium dunnianum*、河滩冬青*Ilex metabaptista*、木荷*Schima superba*等；草本层种类有紫萁*Osmunda japonica*、芒萁*Dicranopteris dichotoma*、扁穗莎草、江南卷柏、淡竹叶、朝天罐*Osbeckia opipara*、五节芒*Miscanthus floridulus*、分叉露兜*Pandanus furcatus*等。

生存状态

国家二级重点保护野生植物。金毛狗在我国虽然分布较广，但因根基部的金黄色绒毛和根茎都是著名的中药，又是良好的观赏蕨类，被过度采挖，野生资源日渐枯竭，现存蕴藏量不大。在保护区因仅有一个分布点，种群数量又少，易被人为盗采，处于濒危状态。

扩繁技术

金毛狗可采用根状茎或孢子进行繁殖。根状茎繁殖是指将野生金毛狗引种到与原生境相似的条件下进行繁殖。金毛狗对土壤要求不严格，一年四季均可种植，成活率几乎为100%。具体方法为：将金毛狗根状茎横切成2或3段，在切口上涂上草木灰，栽植入土，浇水即可。孢子繁殖通常利用原生境土进行培养，该方法可以快速地批量生产出金毛狗种苗。具体方法如下：在孢子囊充分成熟而又未开裂时采集，播种前孢子需经稀释的甲维毒死蜱浸泡2h，以免有害微生物污染。将采集的原生境腐质土（拌入少量细砂促进萌发）过细筛后，进行灭菌处理，然后装入培养容器浇水湿润备用。将处理好的孢子均匀地撒在盆土面上，用保鲜膜封口（保温保湿以及防止其他孢子和真菌污染），置于具散射光处自然培养。保湿和防虫是日常管理的关键，通常情况下，每隔几天雾状喷水保湿，具体以土壤表面湿润、覆盖膜上有雾状水珠为宜，注意避免喷水将孢子冲成堆或冲到土壤下面。防虫需要勤观察，如发现土壤表面有幼虫蠕动，应立即用稀释的甲维毒死蜱喷施，否则会造成毁灭性影响。当孢子体幼苗长出4或5枚真叶时即可移栽，移栽基质的种类与培养土相同，但不进行消毒处理。幼苗移栽后用保鲜膜覆盖盆口，并定时检查盆土和盆内空气湿度，尽量使其保持在60%～85%。

2. 单叶贯众

Cyrtomium hemionitis Christ

主要形态识别特征及生境

植株高4～28cm。根茎直立，密被披针形深棕色鳞片。叶簇生，叶柄长4～28cm，基部直径1～3mm，禾秆色，腹面有浅纵沟，通体有披针形深棕色鳞片，鳞片边缘全缘或有睫毛状小齿，常扭曲；叶通常为单叶（即仅具1片顶生羽片），三角卵形或心形，下部两侧常有钝角状凸起，长4～12cm，先端急尖或渐尖，基部深心形，边缘全缘；有时下部深裂成1对裂片或1对分离的羽片；具三出脉或五出脉，小脉联结成多行网眼，腹面微凸出，背面不明显。叶为革质，腹面光滑，背面有毛状小鳞片。孢子囊群遍布羽片背面；囊群盖圆形，盾状，边缘有小齿。

生于海拔700～1000m的喀斯特常绿落叶阔叶林下岩石缝隙中。

地理分布

分布于云南南部（麻栗坡、西畴）、贵州中南部（贵定、荔波）。越南也有分布。在茂兰国家级自然保护区分布于凉水井、久伟、拉芽、必格等地，资源量较少，数量为3000～5000株。

种群与群落特征

单叶贯众多分布于坡中上部一带，高10～20cm，常聚群生长在岩石缝隙，5～8株聚为一丛。种群的繁殖方式有无性繁殖与有性繁殖，幼株从母株根部分蘖，但分蘖能力较弱，居群的扩大主要靠有性繁殖，孢子繁殖

率低，种群自然更新能力弱。

所处林分乔木层高7～15m，组成树种有化香树、云贵鹅耳枥、黄梨木、朴树、青冈、圆叶乌桕、石岩枫、天峨槭、腺叶山矾、贵州琼楠等；灌木层种类有先骕竹、崖花子、齿叶黄皮、粗糠柴、台湾十大功劳、黄丹木姜子、南天竹、方竹等；伴生草本有扁穗莎草、大序薹草、宽叶金粟兰、冷水花、盾蕨、石韦等。

生存状态

国家二级重点保护野生植物。在《中国生物多样性红色名录——高等植物卷》中列为濒危（EN）种。资源量稀少，且分布范围狭窄，常见分布于林缘路边，易受人为活动干扰，处于极危状态。

扩繁技术

单叶贯众可进行分株繁殖或孢子繁殖。分株繁殖：在有树冠树荫的林下选地与整地栽培，清除林中石块、杂草、树枝，深耕土壤20～25cm，将土壤用筛子过土，去除碎石子等，取肥沃壤土或腐殖土与其混匀，施以农家肥，将土壤整细整平，作畦；在母株周围分株由根茎生出的幼苗进行繁殖，一般通常在春、秋两季进行。秋季于9～10月，宜早不宜迟。春季于未萌芽前或叶簇才开始生长时期，选择根茎发达、健壮的植株进行分株，根据母株根茎大小纵切成若干块，但需带芽和根或带根和叶，易成活，随起随栽。在整好的土面，按株行距40cm×40cm挖穴，每穴植入11株，覆土压实，加强根茎与土壤的接触，浇水定根。缓苗3～5天后即可成活。孢子繁殖：需选择消毒泥炭土或腐叶土，装入播种浅盆，稍加压实，剪取成熟孢子的叶片，均匀撒布在浅盆内，再喷雾保持土面湿润。上盖玻璃，40～50天发芽。育苗成活后，选择保护区内生境湿润、适宜生长的区域，进行回归种植。

3. 华南五针松

Pinus kwangtungensis Chun et Tsiang

主要形态识别特征及生境

乔木，幼树树皮光滑，老树树皮褐色，裂成不规则的鳞状块片。小枝无毛，一年生枝淡褐色，老枝淡灰褐色或淡黄褐色；冬芽茶褐色，微有树脂。针叶5针一束，长3.5～7.0cm，径1.0～1.5mm，先端尖，边缘有疏生细锯齿，仅腹面每侧有4或5条白色气孔线；横切面三角形，皮下层由单层细胞组成，树脂道2或3个，背面2个边生，有时腹面1个中生或无；叶鞘早落。球果柱状矩圆形或圆柱状卵形，通常单生，成熟时淡红褐色，微具树脂，通常长4～9cm，径3～6cm，稀长达17cm、径7cm，梗长0.7～2.0cm；种鳞楔状倒卵形，通常长2.5～3.5cm，宽1.5～2.3cm，鳞盾菱形，先端边缘较薄，微内曲或直伸；种子椭圆形或倒卵形，长8～12mm，连同种翅与种鳞近等长。花期4～5月；球果翌年10月成熟。

生于海拔700～1100m的山脊、山顶一带的喀斯特针阔叶混交林中。

地理分布

分布于湖南南部（宁远、宜章、莽山）、广西（金秀、融水、龙胜）、广东北部（乐昌、乳源山区）、海南五指山、贵州（荔波、独山、三都、惠水、龙里）等地。在茂兰国家级自然保护区为广布种，主要分布于核心区和缓冲区。资源量较丰富，数量为3000～5000株。

种群与群落特征

华南五针松为喜光、喜温、阳性树种，常散生或小片状聚生于山脊、山顶一带的针阔叶混交林中，在甲良洞庭一带形成大面积纯林。其所处生境较为恶劣，立地条件差，树木生长缓慢，树体矮小粗壮。易于结实，种子萌发率高，林下幼苗、幼树较多，天然更新能力较强。

华南五针松群落终年浓绿，乔木层高7～11m，以华南五针松为单优势种，其平均高度为10.5m，平均胸径为27cm。群落其他伴生树种有独山石楠、乌冈栎、荔波鹅耳枥、岩生鹅耳枥、南方铁杉*Tsuga tchekiangensis*、棱果海桐、金江槭*Acer paxii*、野漆等；灌木层种类有檵木、齿叶黄皮、全缘火棘*Pyracantha atalantioises*、南天竹、异叶鼠李、竹叶花椒等；草本层种类少，盖度低，多为莎草科的长梗薹草，其他尚有蕙兰、足茎毛兰等。

生存状态

中国特有种，国家二级重点保护野生植物。在《中国生物多样性红色名录——高等植物卷》中列为近危（NT）种。该种在保护区内尚有一定数量，生长状况良好，但分布区域过于集中，分布范围相对狭窄，生境条件恶劣，自然更新困难，种群处于近危状态。

扩繁技术

因华南五针松在保护区内尚有一定数量，重点是加强对野外分布点的保护，防止人为盗采，保护野生居群的生境和种群数量，让其通过自身繁殖进行种群的自然更新。

该种种子数量较为丰富，也可采集种子进行人工繁殖育苗，进行回植，扩大种群的分布面积和数量。采种一般在10月中下旬进行，当球果由青绿变为黄褐色并微裂时，即为采种时期。球果堆沤10余天后曝晒脱粒。播种前用0.15%甲醛溶液浸种15min，再用40～50℃温水浸种24h，混湿沙贮藏，并且经常洒水，保持湿润，约2个月即可播种。土壤宜选用深厚肥沃的沙壤土，忌用砂土、石砾或黏土。播种后20余天就会发芽出土，一年生苗可达25cm，造林宜采用二年生苗，苗高30cm以上，地径0.4cm以上，成活率较高。

4. 短叶黄杉
Pseudotsuga brevifolia W. C. Cheng et L. K. Fu

主要形态识别特征及生境

乔木，树皮褐色，纵裂成鳞片状。一年生枝干后红褐色，有较密的短柔毛，尤以凹槽处为多，或主枝的毛较少或几无毛，二年生、三年生枝灰色或淡褐色，无毛。叶近辐射伸展或排列成不规则2列，条形，较短，长0.7～1.5cm，宽2.0～3.2mm，上面绿色，下面中脉微隆起，有2条白色气孔带，气孔带由20～25条（稀达30条）气孔线组成，绿色边带与中脉带近等宽，先端钝圆有凹缺，基部宽楔形或稍圆，有短柄。球果熟时淡黄褐色、褐色或暗褐色，卵状椭圆形或卵圆形，长3.7～6.5cm，径3～4cm；种鳞木质，坚硬，拱凸呈蚌壳状；种子斜三角状卵形，下面淡黄色，有不规则的褐色斑纹，长约1cm，种翅淡红褐色，有光泽，上面中部常有短毛，宽约7.5mm，连同种子长约2mm。花期4月；球果10月成熟。

生于海拔700～1100m的山脊、山顶一带的喀斯特针阔叶混交林中。

地理分布

分布于广西西部龙州、大新、靖西、那坡、凌云、乐业，贵州南部荔波、安龙、望谟。在茂兰国家级自然

保护区分布于洞塘板寨、翁昂莫干、洞多、永康瑶所、瑶兰一带，数量为2000～5000株。

种群与群落特征

短叶黄杉为强喜钙树种，耐旱性强，是钙质土特有种，常散生于山脊、山顶一带的针阔叶混交林中，与化香树形成短叶黄杉-化香树林。其生长环境极为恶劣，立地条件差，树木生长缓慢，径级小，高度低，分枝矮。易于结实，种子萌发率高，林下幼苗、幼树较多，天然更新能力较强。

短叶黄杉所处林分乔木层高3～7m，主要组成树种有化香树、岩生翠柏、荔波鹅耳枥、乌冈栎、光叶海桐、岩生鹅耳枥、贵州泡花树等；灌木层组成树种有贵州悬竹、清香木、球核荚蒾、齿叶黄皮、角叶槭、密花树*Rapanea neriifolia*、针齿铁仔*Myrsine semiserrata*等；草本层组成种类有岩凤尾蕨*Pteris deltodon*、石韦、瓦韦*Lepisorus thunbergianus*、蕙兰、兔耳兰等。

生存状态

中国特有种，是黄杉属中唯一生长在石灰岩土壤上的种类。国家二级重点保护野生植物。在《中国生物多样性红色名录——高等植物卷》中列为易危（VU）种。该种在保护区内尚有一定数量，生长状况良好，但分布面积过于集中，分布范围相对狭窄，生长环境极为恶劣，材质优良而易受人为盗伐，处于近危状态。

扩繁技术

因短叶黄杉在保护区内尚有一定数量，重点是加强对野外分布点的保护，防止人为盗采，保护野生种群的生境和种群数量，让其通过自身繁殖进行种群的自然更新。

目前未见短叶黄杉种苗繁育的相关报道。

5. 篦子三尖杉
Cephalotaxus oliveri Mast.

主要形态识别特征及生境

常绿灌木。叶条形，质硬，平展成2列，排列紧密，因叶的排列像中国的篦子而得名。通常中部以上向上方微弯，稀直伸，长1.5～3.2cm，宽3.0～4.5mm，基部截形或微呈心形，几无柄，先端凸尖或微凸尖，上面深绿色，微拱圆，中脉微明显或中下部明显，下面气孔带白色，较绿色边带宽1～2倍。雄球花6或7聚生成头状花序，径约9mm，总梗长约4mm，基部及总梗上部有10余枚苞片，每一雄球花基部有1枚广卵形的苞片，雄蕊6～10枚，花药3或4枚，花丝短；雌球花的胚珠通常1或2粒发育成种子。种子倒卵圆形、卵圆形或近球形，长约2.7cm，径约1.8cm，顶端中央有小凸尖，有长梗。花期3～4月；种子8～10月成熟。

生于海拔700～800m的山谷、溪旁喀斯特常绿落叶阔叶混交林中。

地理分布

分布于江西、广东、广西、湖南、湖北、贵州、四川和云南等亚热带低中山地。在贵州分布于荔波、独山、三都、龙里、梵净山、德江、思南、绥阳、黎平、榕江、平塘。在茂兰国家级自然保护区分布于翁昂肯岜、江风、三岔河、尧所等地，数量稀少，为200～300株。

种群与群落特征

篦子三尖杉常零星分布于常绿落叶阔叶林下，有的以大树、孤树形态分布于村寨旁的风水林中。因自身的生理学特性，自然条件下结实量少，种子的萌发率很低，实生苗极少，天然更新困难。

所处林分乔木层高10～20m，组成种类有黄连木、黄枝油杉、枳椇、掌叶木、青冈、柏木*Cupressus funebris*、翅荚香槐、独山石楠等；灌木层种类有

罗伞、箬竹、麻竹*Dendrocalamus latiflorus*、紫麻*Oreocnide frutescens*、紫弹树*Celtis biondii*、水麻、五加*Acanthopanax gracilistylus*等；草本层种类有喀西茄*Solanum aculeatissimum*、臭牡丹*Clerodendrum bungei*、地锦*Parthenocissus tricuspidata*、五节芒、石韦等。

生存状态

中国特有种，国家二级重点保护野生植物。在《中国生物多样性红色名录——高等植物卷》中列为易危（VU）种。因多生长在林缘、路边及村寨周围，极易被人为砍伐及烧毁。目前分布面积很小，个体数量极其稀少，濒于灭绝，处于极危状态。

扩繁技术

因篦子三尖杉数量稀少，多为雌雄异株，雌株不是每年都结实，且结实量少，种子具有休眠的特性，许多种子在休眠期由于环境因素而腐烂、失去活力或被松鼠等吃掉，所以，自然条件下种子的萌发率很低，天然更新困难，实生苗极少。

篦子三尖杉的主要繁殖方法为种子繁殖。采种与处理：霜降前后果实呈红色时采收，采收后，除去外种皮，洗净晾干后进行沙藏，翌年春季播种。篦子三尖杉具有深度休眠的特性，未经处理的种子需1～2年才能萌发，且出苗不齐。故播种前，采取机械方式破裂种子（用小锤轻敲种皮，听到破声，种皮有裂纹为准），再用温水浸泡36h，播种期以3月上旬、中旬为宜，大田育苗采用条播，行距20cm，播沟深3cm，播种时先在沟内均匀撒上腐熟的鸡粪，再每隔5cm放上1粒种子，施腐熟鸡粪1500～2000kg/亩，播种量为90～120kg/亩；采用容器育苗，将种子均匀撒于营养土表面，每杯播2粒种子。播时先用水将大田苗床或营养杯的土壤喷透，播后筛土覆盖，以不见种子为度，一个月左右出苗。

6. 鹅掌楸
Liriodendron chinense (Hemsl.) Sarg.

主要形态识别特征及生境

乔木。小枝灰色或灰褐色。叶马褂状，故鹅掌楸又叫马褂木。叶长4～12cm，近基部每边具1枚侧裂片，先端具2浅裂，下面苍白色，叶柄长4～8cm。花杯状，花被片9，外轮3片绿色，萼片状，向外弯垂，内两轮6片，直立，花瓣状、倒卵形，长3～4cm，绿色，具黄色纵条纹，花药长10～16mm，花丝长5～6mm，花期雌蕊群超出花被，心皮黄绿色。聚合果长7～9cm，具翅的小坚果长约6mm，顶端钝或钝尖，具种子1或2粒。花期5月；果期9～10月。

生于海拔700～800m土壤为黄壤或棕色石灰土的常绿落叶阔叶混交林中。

地理分布

分布于陕西、安徽、四川、云南、浙江、江西、福建、湖北、湖南、广西、贵州等地。在茂兰国家级自然保护区仅分布于保护区边缘的翁昂丙禾，数量稀少，有33株。

种群与群落特征

鹅掌楸为阳性树种，大多零星间杂生长于喀斯特常绿落叶阔叶混交林中。喜生于山体中下部石灰岩发育的山地黄壤、黄棕壤湿润肥沃之处，也可组成小片纯林。虽然长势良好，但种子生命力弱，发芽率低，自然更新能力弱。

鹅掌楸树干挺直，多居乔木层上层。群落乔木层高10～20m，组成树种有喜树、灯台树、枫香树、香

果树、翅荚香槐、栲*Castanopsis fargesii*、枳椇、狭叶润楠、油桐*Vernicia fordii*、野柿、杉木*Cunninghamia lanceolata*等；灌木层有檵木、油茶*Camellia oleifera*、香叶树、花椒*Zanthoxylum bungeanum*、八角枫*Alangium chinense*、细枝柃*Eurya loquaiana*、野梧桐*Mallotus japonicus*等；草本层多为阳荷*Zingiber striolatum*，另有淡竹叶*Lophatherum gracile*、翠云草、刺羽耳蕨*Polystichum munitum*、常春藤、细辛*Asarum sieboldii*、贯众*Cyrtomium fortunei*、长梗薹草、扁穗莎草等。

生存状态

中国特有种，古老的孑遗植物，国家二级重点保护野生植物。在《中国生物多样性红色名录——高等植物卷》中列为无危（LC）种。鹅掌楸在我国虽然分布广泛，但因材质优良，叶形奇特，又是著名的行道树和庭荫树种，野外被盗伐和采挖严重，在其主要分布区已渐稀少。在茂兰国家级自然保护区仅一个分布点，数量稀少，处于濒危状态。

扩繁技术

鹅掌楸是异花受粉种类，但有孤雌生殖现象，雌蕊往往在含苞欲放时即已成熟，开花时，柱头已枯黄，失去授粉能力，在未受精的情况下，雌蕊虽然能继续发育，但种子生命力弱，故发芽率低，树下周围萌发幼苗较少，难以自然更新。

鹅掌楸可进行播种、扦插、嫁接以及离体组织培养繁殖，但多以播种和扦插为主。播种繁殖：10月果呈褐色时采收，将种子放入湿润的中沙中分层混藏，底部铺一层35cm厚的湿沙，上部盖上草帘等透气覆盖物，每隔2周翻动一次，保证沙土湿度。播种选择雨水到惊蛰期间，采用条播方法，播种间距为30cm、播种沟深2～3cm，播种量为每亩150kg。在播种完毕后覆盖一层黄心土，土层厚度为2cm，以看不见种子为宜，并用稻草覆盖；在出土期间，分3次将稻草揭完（傍晚、阴天进行）。扦插繁殖：①硬枝扦插，选择一年生健壮、枝茎为0.5cm以上的穗条，将穗条修剪到15～20cm长度，下口采用斜剪方法，每个穗条上保留2或3个芽，将枝条插入土中2/3处，在扦插前使用50mg/L生根粉加上500mg/L多菌灵浸泡枝条根部30min。在扦插完毕后需要采用遮阴措施，频繁喷水，通常可以保证成活率在80%以上。②嫩枝扦插，剪取当年生半木质化嫩枝，并保留枝条上1或2枚叶片，在每年6～9月扦插，采用全光喷雾法，扦插基质为珍珠岩、干净河沙，确保叶面湿润，通常成活率可以达65%以上。

7. 香木莲

Manglietia aromatica Dandy

主要形态识别特征及生境

乔木。树皮灰色，光滑。新枝淡绿色，除芽被白色平伏毛外全株无毛，各部揉碎有芳香；顶芽椭圆柱形。叶薄革质，倒披针状长圆形、倒披针形，长15～19cm，宽6～7cm，先端短渐尖或渐尖，1/3以下渐狭至基部稍下延，侧脉每边12～16条，网脉稀疏，干时两面网脉明显凸起；叶柄长1.5～2.5cm，托叶痕长为叶柄的1/4～1/3。花梗粗壮，果时长1～1.5cm，直径0.6～0.8cm；花被片白色，11或12片，4轮排列，每轮3片，外轮3片近革质，内数轮厚肉质；雄蕊约100枚，长1.5～1.8cm，花药长0.7～1cm；雌蕊群卵球形，长1.8～2.4cm，心皮无毛。聚合果鲜红色，近球形或卵状球形，直径7～8cm，成熟蓇葖沿腹缝及背缝开裂。花期5～6月；果期9～10月。

生于海拔500～900m的喀斯特槽谷、漏斗、洼地一带常绿落叶阔叶混交林下、林缘。

地理分布

分布于云南东南部、广西西南部及贵州。在贵州分布于兴义、望谟、荔波、黎平、从江。在茂兰国家级自然保护区零星分布于三岔河高望、高荣、永康凉水井、翁昂洞多、洞常、比把、吉洞、更并等地，数量为1600～2500株。

种群与群落特征

香木莲常单株散生于槽谷、漏斗、洼地一带的密林中。一般高8～15m，胸径10～30cm。树干通直，长势优良，开花甚多，但结实率低，树下及周边很少有幼苗。

该种为阳性树种，在森林中多为上层大乔木，具有板根，主根发达。树高可达17m，胸径达72cm。所处群落乔木层高8～20m，组成种类有掌叶木、长穗桑*Morus wittiorum*、圆叶乌桕、云贵鹅耳枥、朴树、光皮梾木、黄梨木、苦木*Picrasma quassioides*、飞蛾槭、黄连木、狭叶润楠、伞花木、南酸枣等；灌木层种类有光叶海桐、罗伞、岩柿、齿叶黄皮、日本紫珠*Callicarpa japonica*、野独活*Miliusa chunii*、南天竹、棕竹*Rhapis excelsa*等；草本层有冷水花、菘蓝、扁穗莎草、狭翅巢蕨、肾蕨等。

生存状态

国家二级重点保护野生植物。在《中国生物多样性红色名录——高等植物卷》中列为易危（VU）种。

但在茂兰国家级自然保护区，现有植株数量少，结实率低，种皮含有油质，容易腐烂而不易发芽，且又易被鸟类和啮齿类动物采食，种群天然更新能力差，处于濒危状态。

扩繁技术

香木莲可进行播种、扦插繁殖，但多以播种繁殖为主。播种繁殖：香木莲的果期为9～10月；当聚合果成熟、种子尚未掉下时采收，采回后放通风处晾干，避免在阳光下曝晒，待球果开裂后，取出种子，除去红色外种皮，剔除空粒、瘪粒。种子一般从2月初开始萌发，发芽率、保存率低，宜随采随播，或按湿沙与种子3：1的比贮藏至翌年春季播种。贮藏期间应经常检查，防止干燥、霉变和鼠食。播种前先用40℃的温水和1000mg/L赤霉素水溶液分别浸泡种子24h和48h来破除休眠，提

高发芽率。然后在大棚内进行沙藏催芽，可采用砖块砌催芽床，宽1.0～1.2m，在催芽床内铺20cm厚的中粗河沙，用0.2%高锰酸钾进行消毒，晒出贮藏的种子，用1%多菌灵消毒后均匀播入床面，播后用河沙盖种，再盖1层干净的稻草，浇透水，喷杀菌剂，在每个催芽床上盖1层塑料拱棚。待种子露白时即可点播到圃地或容器中。扦插繁殖：采用30.05g/kg或者20.05g/kg ABT对香木莲插穗进行处理，在基质为蛭石与腐殖质土（比为3：1）上进行扦插，扦插后进行常规管理。成苗后，选择与其生境相似的地域或种群所处地域，如石灰岩山坡地岩石裸露、土壤稀少的石隙、沟谷或山坡下部，土壤覆盖率较大，土层较深厚等环境进行回归种植。

8. 任豆
Zenia insignis Chun

主要形态识别特征及生境

落叶乔木。树皮粗糙，成片状脱落。小枝黑褐色，散生有黄白色的小皮孔。叶长25～45cm；叶柄短，长3～5cm；叶轴及叶柄多少被黄色微柔毛；小叶薄革质，长圆状披针形，长6～9cm，宽2～3cm，基部圆形，顶端短渐尖或急尖，边全缘，上面无毛，下面有灰白色的糙伏毛。圆锥花序顶生；总花梗和花梗被黄色或棕色糙伏毛；花红色，长约14mm；萼片厚膜质，长圆形，稍不等大，长10～12mm，宽5～6mm，顶端圆钝，外面有糙伏毛，内面无毛；花瓣稍长于萼片，长约12mm。荚果长圆形或椭圆状长圆形，红棕色，通常长约10cm，有时可达15cm，宽2.5～3.5cm，翅阔5～6mm。种子长4～9mm，宽7mm，圆形，平滑，有光泽，棕黑色。花期5月；果期6～8月。

生于海拔500～950m的喀斯特常绿落叶阔叶混交林中。

地理分布

分布于湖南、广东、广西、云南、贵州南部。在茂兰国家级自然保护区为广布种，主要分布于核心区和缓冲区。资源量大，为50 000～70 000株，其中幼树、幼苗约40 000株。

种群与群落特征

任豆为强阳性树种，大多零星间杂生长于喀斯特常绿落叶阔叶混交林中。在三岔河洞药、加别一带有小面积纯林。萌芽力强，结实率高，种子萌发率高，林下幼苗、幼树较多，天然更新能力较强。

任豆树干通直，多居乔木层上层，树高10～15m，胸径15～30cm。群落组成树种有山杜英*Elaeocarpus sylvestris*、青冈、狭叶润楠、掌叶木、化香树、黄梨木、云贵鹅耳枥、圆叶乌桕、朴树、腺叶山矾、野漆等；灌木层有夜香木兰*Magnolia coco*、狭叶方竹、野独活*Miliusa chunii*、九里香、海南树参、巴东荚蒾等；草本层有狭翅巢蕨、翠云草、吊石苣苔、长梗薹草、庐山楼梯草、冷水花、菘蓝、扁穗莎草、肾蕨等。

生存状态

单种属植物，国家二级重点保护野生植物。在《中国

生物多样性红色名录——高等植物卷》中列为易危（VU）种。该种在保护区内尚有一定数量，生长状况良好，且因树干通直、材质优良而易受人为盗伐，处于易危状态。

扩繁技术

任豆可进行播种和扦插繁殖。播种繁殖：种子采收于9～10月，任豆种子坚硬，种皮有蜡质层，不易透水透气，播种前若不加以处理，则发芽时间长，发芽率和出苗率低而不整齐，播种前须进行预处理。具体做法是用50～90℃热水浸种，种子和水的体积比为1∶3。待水温自然冷却后再浸12h，当种子充分吸水膨胀，捞起滴干水分即可播种于圃地或催芽处理。未充分吸水膨胀的种子可再次用热水处理。经浸泡后的种子置于通风背光处催芽，每天用温水淋1或2次，至种子露白，再播于圃地，播后3～5天即开始发芽出土，7天左右即可出齐。

扦插繁殖：任豆插条分为嫩枝条（当年生幼嫩顶芽部分）和1～2年生枝条（剪去嫩枝部分以下中间枝段）。插条长10～15cm（嫩枝10～12cm，老枝12～15cm），插条剪取后立即将其基部2～3cm浸泡入清水中。扦插前把插条基部放在1∶1500倍的多菌灵溶液中浸泡15min。扦插时将插条基部蘸上促根剂（促根剂水溶液加滑石粉调成糊状）后，垂直插入已淋透水的基质（在扦插前1天用3g/L高锰酸钾溶液消毒）中，插入深度为3cm左右。扦插完后淋1次水，并在插床上搭拱棚，用塑料薄膜将整个苗床密封，薄膜上再覆盖1层遮阳网，保持棚内相对湿度在90%左右，视湿度和基质水分状况进行适当的通风淋水。每隔7天喷1次1g/L多菌灵溶液，以防插条感染病菌。插后注意观察插条的生根情况，大部分插条生根后揭开薄膜，7天后再揭开遮阳网，转入常规苗圃管理。

9. 花榈木

Ormosia henryi Prain

主要形态识别特征及生境

常绿乔木。树皮灰绿色，平滑。小枝、叶轴、花序密被绒毛。奇数羽状复叶，小叶2或3对，革质，椭圆形或长圆状椭圆形，长4.3～13.5cm，宽2.3～6.8cm，先端钝或短尖，基部圆或宽楔形，叶缘微反卷，上面深绿色，光滑无毛，下面及叶柄均密被黄褐色绒毛；小叶柄长3～6mm。圆锥花序顶生，或总状花序腋生，长11～17cm，密被淡褐色绒毛；花长2cm，径2cm；花梗长7～12mm。荚果扁平，长椭圆形，长5～12cm，宽1.5～4.0cm，顶端有喙，果颈长约5mm，果瓣革质，厚2～3mm，紫褐色，无毛，内壁有横隔膜，有种子4～8粒。种子椭圆形或卵形，长8～15mm，种皮鲜红色，有光泽，种脐长约3mm，位于短轴一端。花期7～8月；果期10～11月。

生于海拔400～700m的喀斯特常绿落叶阔叶混交林内、林缘。

地理分布

分布于安徽、浙江、江西、湖南、湖北、广东、四川、云南（东南部）、贵州（凯里、丹寨、天柱、黎平、从江、荔波、罗甸、都匀、瓮安等地）。在茂兰国家级自然保护区分布于凉水井、吉洞，数量稀少，为80～100株。

种群与群落特征

花榈木为阳性树种，大多零星间杂生长于喀斯特常绿落叶阔叶混交林中。仅生长在较为平缓且积土较厚的丫口、鞍部、洼地边缘，土壤为黄壤、棕色石灰土的湿润肥沃之处。自然状态下花榈木荚果出种率低、虫害率高，种皮坚硬而萌发率低，且易受动物啃食，导致繁殖力低，种群难以正常更新。

花榈木树干通直，长势良好，但多为幼树，居乔木层第二层。群落乔木层高6～13m，组成树种有栲、山杜英、青冈、细叶青冈、云贵鹅耳枥、天峨槭、狭叶润楠、黄檀*Dalbergia hupeana*、腺叶山矾等；灌木层种类有狭叶方竹、巴东荚蒾、齿叶黄皮、细枝柃、崖花子*Pittosporum truncatum*、粗糠柴、杨梅叶蚊母树等；草本层有翠云草、庐山楼梯草、冷水花、菘蓝、扁穗莎草、肾蕨、石韦等。

生存状态

国家二级重点保护野生植物。花榈木为珍贵木材，在《中国生物多样性红色名录——高等植物卷》中列为易危（VU）种。在保护区因分布区狭窄，种群数量极少，结果母树稀少，繁殖力低，且因为是红木种类而易受人为盗伐，处于极度濒危状态。

扩繁技术

花榈木可进行播种、根插、嫁接以及离体组织培养繁殖，但多以种子繁殖为主。播种繁殖：花榈木果期为11～12月，摘成熟的果实，取出种子，采用物理化学方法处理花榈木种子。花榈木种子的种皮和种胚中存在抑制种子萌发的物质，目前多采用物理化学方法处理花榈木种子，以促进萌发。可采用草木灰浸种1天，再用温水浸种3天，最后进行湿沙层积处理3～4天的组合方法处理花榈木种子，也可用500mg/L赤霉素水溶液浸泡花榈木种子12h后，4℃低温混沙湿藏45天，可破除花榈木种子休眠，提高发芽率。苗出土后需立即遮阴，透光度为50%左右，遮阴时间不超过3个月。5月上旬至6月下旬，花榈木苗木处于生长初期，地上部生长缓慢，根系生长较快，需及时除草、松土并适量施肥，根据天气适时灌水。7月初至9月中旬，苗木生长迅速，需注意浇水保湿，通常在傍晚畦温降低后引沟漫灌水降温，同时做好除草工作。每隔10～15天在距离根部10cm处穴施或沟施尿素，施用量为45kg/hm^2。9月下旬至11月，苗木生长停止，应停止施肥，前期每隔15天喷施1次0.2%～0.5%磷酸二氢钾溶液，减少浇水，以促进苗木木质化，安全越冬。

组织培养繁殖：花榈木组织培养以MS培养基为基本培养基，以花榈木籽苗茎段作为外植体时，在MS培养基中添加2.0mL/L 6-BA、0.5mL/L NAA、8g/L琼脂、30g/L蔗糖，调pH 5.8～6.0，在26℃左右条件下培养45天后发芽；在1/2 WPM+1.0mL/L IBA+2.0mL/L NAA+8g/L琼脂+10g/L蔗糖的生根培养基中，pH 6.0～6.2，23℃条件下培养15天左右生根。将生长旺盛且根系生长良好的瓶苗移出培养室，在自然光下炼苗3天后，打开瓶盖，在常温下炼苗2天，然后小心取出瓶苗，洗净根部后栽入已消毒的基质中，浇透水后覆盖塑料薄膜，保持湿度为70%～80%，温度为20～25℃，7天后揭去塑料薄膜。

10. 半枫荷

Semiliquidambar cathayensis H. T. Chang

主要形态识别特征及生境

常绿乔木。树皮灰色，稍粗糙。当年枝干后暗褐色，无毛；老枝灰色，有皮孔。叶簇生于枝顶，革质，异型，兼有枫香树和木荷叶的形状，故名半枫荷。不分裂的叶片卵状椭圆形，长8～13cm，宽3.5～6.0cm；先端渐尖；基部阔楔形或近圆形；上面深绿色，发亮，下面浅绿色，无毛；或为掌状3裂，中央裂片长3～5cm，两侧裂片卵状三角形，长2.0～2.5cm，斜行向上，有时为单侧叉状分裂；边缘有具腺锯齿；掌状脉3条，两侧的较纤细；叶柄长3～4cm，较粗壮，上部有槽，无毛。雄花的短穗状花序常数个排成总状，长6cm，花被全缺，雄蕊多数，花丝极短。雌花的头状花序单生，花柱长6～8mm，先端卷曲，有柔毛。头状果序直径2.5cm，有蒴果22～28个，宿存萼齿比花柱短。花期2～3月；果实秋季成熟。

生于保护区海拔600～800m土壤为黄壤或棕色石灰

土的常绿落叶阔叶混交次生林中。

地理分布

分布于江西南部、广西北部、贵州南部、广东、海南。在茂兰国家级自然保护区分布于永康拉桥、立化高望。分布范围狭窄，数量稀少，仅50～60株。

种群与群落特征

半枫荷为中性树种，幼年期较耐阴，喜生于土层深厚、肥沃、疏松、湿润、排水良好的酸性土壤，常单株散生于海拔600～900m的山地阔叶混交林。结实率低，萌生能力较弱，天然更新能力差。

半枫荷树干挺直，多居乔木层上层。群落乔木层高8～17m，组成树种有楮、云贵鹅耳枥、青冈、化香树、枫香树、粗柄楠*Phoebe crassipedicella*、狭叶润楠、蕈树*Altingia chinensis*、杨梅*Myrica rubra*、马尾松*Pinus massoniana*、杉木*Cunninghamia lanceolata*等；灌木层有狭叶方竹、杨梅叶蚊母树、少叶黄杞*Engelhardtia fenzlii*、齿叶黄皮、细枝柃、油茶*Camellia oleifera*、八角枫、金樱子、火棘等；草本层有长梗薹草、扁穗莎草、中华里白*Hicriopteris chinensis*、淡竹叶、刺羽耳蕨、中华蛇根草*Ophiorrhiza chinensis*、白茅、千里光等。

生存状态

中国特有种，国家二级重点保护野生植物。在《中国生物多样性红色名录——高等植物卷》中列为易危（VU）种。但在茂兰国家级自然保护区，因绝大部分区域均为喀斯特地貌，土壤为石灰土，只在保护区高望、板寨、翁昂一带有少量的黄壤分布，这些地段因土层深厚易被开垦为农地，因而半枫荷的分布范围极为狭窄，保存的植株稀少，自然更新能力较差，又因材质优良而易受人为盗伐，处于濒危状态。

扩繁技术

播种育苗：半枫荷种子的采集需在霜降前后，第2年春季播种，播种时应选择背风向阳、水源充足、疏松的肥沃沙壤土，并用甲醛溶液对土壤进行消毒。苗圃地细碎整平后，采用条播，间距15cm，内沟2cm。播种后用细土覆盖，并铺上稻草。定时浇水，保证土壤的湿

润。移苗两周后，苗木生长稳定便可施肥，施肥遵循先稀后浓、薄施勤施的原则，一年后，苗高约60cm，挑选呈半枫荷特征、顶端优势明显、主干粗壮、根系发达、无病虫害的苗木移植到阳光充足，土壤疏松、肥沃、湿润的地方培育中苗。扦插育苗：扦插前半个月左右，将圃地翻松，同时可加入克百威防止地下病虫害，在圃地均匀撒上一层2cm厚的细黄土。扦插前将穗条基部蘸上生根剂。扦插后用塑料薄膜做成小拱棚盖住穗条，以保证穗条周围的温度和湿度。扦插后随时注意观察穗条周围的温度和湿度，保证温度为22～28℃，湿度保持在90%以上。当温度升高或湿度过低时，需要用喷雾器喷雾进行降温和保湿。组织培养育苗：可以通过茎段直接诱导出芽，再生丛生芽，实现快速繁殖。将消毒后的茎段切成小节，每节一个芽，接种到初代培养基中，当芽长＞1cm时，取单芽接种，进行继代增殖培养。当芽长超过2cm时，选取长势较好的丛芽，切取单株，接种到生根培养基中。生根培养基由50% WPM+2mg/L NAA+0.2%活性炭配制。当植株生根且苗高超过3cm时，将植株连同培养瓶置于常温且光线正常的房间内。7天后，采集土壤和珍珠岩，按4：1混合形成土壤基质，将植株栽种于此基质并移至松林中。

11. 四药门花
Tetrathyrium subcordatum (Benth.) Oliv.

主要形态识别特征及生境

常绿灌木或小乔木。小枝无毛，干后暗褐色。叶革质，卵状或椭圆形，长7～12cm，宽3.5～5.0cm，先端短急尖，基部圆形或微心形，上面深绿色，发亮，下面秃净无毛；侧脉6～8对，在上面下陷，在下面突出，网脉干后在上面下陷，在下面稍凸起；全缘或上半部有少数小锯齿；叶柄长1.0～1.5cm；托叶披针形，长5～6mm，被星毛。头状花序腋生，有花约20朵，花

序柄长4～5cm；苞片线形，长3mm。花两性，萼筒长1.5mm，被星毛，萼齿5个，矩状卵形，长2.5mm；花瓣5片，带状，长1.5cm，白色；雄蕊5枚；退化雄蕊叉状分裂；子房有星毛。蒴果近球形，有褐色星毛，萼筒长达蒴果的2/3。种子长卵形，长7mm，黑色；种脐白色。花期3～4月；果实秋天成熟。

生于海拔700～900m的坡下部至中部一带的喀斯特常绿落叶阔叶混交次生林中。

地理分布

分布于香港、广东沿海、广西龙州、贵州荔波。在茂兰国家级自然保护区分布于永康尧兰、尧古、董亥、洞台、翁昂拉内、巴弓。分布范围狭窄，数量为5000～7500株。

种群与群落特征

四药门花常单株散生于保护区西北部的高海拔区，集中在坡中部出现。在山坡中部缓坡地带，石灰土覆

盖率较大、土层较深厚的环境生长良好，最大胸径可达12cm，树高可达8m，植株结实率低，仅具一粒种子，但种子萌发力强，林下幼苗或幼树常见，天然更新能力较强。

四药门花为阳性树种，在森林中多为上层灌木或小乔木，其所处群落高2～5m，乔木种类有香叶树、石岩枫、枫香树、岩柿、交让木、青冈、香椿*Toona sinensis*、光皮梾木、野柿、朴树、掌叶木等；灌木种类有火棘、檵木、老虎刺*Pterolobium punctatum*、笔罗子*Meliosma rigida*、天仙果*Ficus erecta*、钩刺雀梅藤*Sageretia hamosa*、川钓樟*Lindera pulcherrima* var. *hemsleyana*、齿叶黄皮、野漆、球核荚蒾、南天竹、盐麸木、鸡仔木*Sinoadina racemosa*等；草本层种类有冷水花、菘蓝、扁穗莎草、肾蕨、大序薹草、石韦、五节芒、白茅、蜈蚣草*Pteris vittata*、刺羽耳蕨等。

生存状态

中国特有而残遗的单种属植物，国家二级重点保护野生植物。在《中国生物多样性红色名录——高等植物卷》中列为濒危（EN）种。在保护区虽然有一定数量，但分布范围狭窄，受人为破坏较严重（主要用作薪柴而被砍伐），处于濒危状态。

扩繁技术

四药门花的花期长、花量多，但多为自花授粉，存在自交衰退现象，其自然结实率低。但在野外发现较多的四药门花幼苗，说明其居群有一定的自然更新能力。可采用人工异株授粉的方式，提高结实率，然后采种育苗。也可采用扦插繁殖，但大规模的扦插繁殖对野外种群破坏较大，不能在短期内获得大量苗木。组织培养可以克服常规无性繁殖速度慢、繁殖率低等缺点。以茎段作为外植体，灭菌6min；以8mg/L 2,4-D的MS培养基诱导茎段愈伤组织，4mg/L 6-BA的MS培养基诱导萌芽。

12. 榉树
Zelkova serrata (Thunb.) Makino

主要形态识别特征及生境

乔木，树皮灰白色或褐灰色，呈不规则的片状剥落。当年生枝紫褐色或棕褐色，疏被短柔毛，后渐脱落；冬芽圆锥状卵形或椭圆状球形。叶薄纸质至厚纸质，大小形状变异很大，卵形、椭圆形或卵状披针形，长3～10cm，宽1.5～5.0cm，先端渐尖或尾状渐尖，基部有的稍偏斜，圆形或浅心形，稀宽楔形，叶面绿，干后绿或深绿，稀暗褐色，稀带光泽，幼时疏生糙毛，后脱落变平滑，叶背浅绿，幼时被短柔毛，后脱落或仅沿主脉两侧残留有稀疏的柔毛，边缘有圆齿状锯齿，具短尖头，侧脉（5～）7～14对；叶柄粗短，被短柔毛。雄花具极短的梗，花被裂至中部，外面被细毛；雌花近无梗。核果几乎无梗，淡绿色，斜卵状圆锥形，上面偏斜，凹陷，具背腹脊，网肋明显，表面被柔毛，具宿存的花被。花期4月；果期9～11月。

生于海拔500～1900m的河谷、溪边疏林中，多为散生，在酸性土、石灰土、中性土中均能生长。

地理分布

分布于辽宁、陕西、甘肃、山东、江苏、安徽、浙江、江西、福建、台湾、河南、湖北、湖南、广东、贵州（多分布于东南部、南部）等。日本和朝鲜也有分布。在茂兰国家级自然保护区分布于洞羊山、三中、拉桥、洞多、久伟等地，有5000～6000株。

种群与群落特征

榉树喜光，常在气候温暖、湿润、土壤肥沃的环境下生长，群落乔木层优势种为刺楸、四照花*Cornus kousa* subsp. *chinensis*，乔木层郁闭度为0.7，平均树高13m，还伴生有枫香树、黄连木、紫楠、黄梨木、珊瑚树*Viburnum odoratissimum*、尾叶紫薇*Lagerstroemia caudata*和化香树；灌木层盖度为35%，优势种为香叶树，其他还有粗糠柴、南天竹、野扇花*Sarcococca ruscifolia*、杨梅叶蚊母树、台湾十大功劳、球核荚蒾、刺楸、披针叶胡颓子*Elaeagnus lanceolata*、藤黄檀*Dalbergia hancei*、独山石楠等；草本层盖度为10%，优势种为日本蛇根草*Ophiorrhiza japonica*，另有蚂蟥七*Primulina fimbrisepala*、鄂西南星*Arisaema silvestrii*、虎耳草*Saxifraga stolonifera*、见血青*Liparis nervosa*、水玉簪*Burmannia disticha*、五节芒和白茅。

生存状态

国家二级重点保护野生植物。在中国分布广泛，生长较慢，材质优良，在《中国生物多样性红色名录——高等植物卷》中列为无危（LC）种。在茂兰国家级自然保护区种群数量不多，结实母树少，繁殖力低，幼苗、幼树极少，根据调查测算，现存数量为5000～6000株，且因为木材珍贵而易受人为盗伐，处于濒危状态。

扩繁技术

播种育苗：一般在10月中下旬至11月上旬进行种子采集工作，要求母树健壮，且树龄超过10年，结实多，籽粒饱满。采集到的种子去除杂质，自然通风阴干保存，也可在室内用一层湿沙铺一层种子进行湿沙低温层积贮藏。播种分秋播、冬播和春播3种。秋播随采随播，翌年2月底至3月上旬发芽，种子发芽率较高，出苗整齐，苗木生长期长。春播选择春季“雨水”至“惊蛰”时期进行播种为好，最迟在清明前后。采用条播或撒播，播种后覆一层细黄心土，然后再盖一层芒萁，保持苗床湿润，防止雨水冲刷。出苗后及时揭草间苗、灌溉追肥，保持土壤湿润，清除圃地杂草，防止病虫鸟害，特别要注意防治蚜虫、袋蛾等虫害。幼苗长至10cm左右时常会出现顶部分杈现象，需进行修剪，蓄好主干枝，保证树干通直，以利于提高出材率。

扦插育苗：榉树无性繁殖的主要方式是扦插繁殖，以沙子与黄心土（体积比1∶4）混合物作为扦插基质，扦插时间一年可两次，分别为3月和9月。扦插选材以生长健壮的直立、嫩枝为宜。插穗截好后，可用适当浓度生根粉浸泡插穗下部以促使其生根。扦插后覆膜、保温、遮阳，定期浇水，定期检查生根情况。

13. 伞花木

Eurycorymbus cavaleriei (H. Lév.) Rehd. et Hand.-Mazz.

主要形态识别特征及生境

落叶乔木，树皮灰色。小枝圆柱状，被短绒毛。叶连柄长15～45cm，叶轴被皱曲柔毛；小叶4～10对，近对生，薄纸质，长圆状披针形或长圆状卵形，长7～11cm，宽2.5～3.5cm，顶端渐尖，基部阔楔形，腹面仅中脉上被毛，背面近无毛或沿中脉两侧被微柔毛；侧脉纤细而密，约16对，末端网结；小叶柄长约1cm或不及。花序半球状，稠密而极多花，主轴和呈伞房状排列的分枝均被短绒毛；花芳香，梗长2～5mm；萼片卵形，长1.0～1.5mm，外面被短绒毛；花瓣长约2mm，外面被长柔毛；花丝长约4mm，无毛；子房被绒毛。蒴果的发育果爿长约8mm，宽约7mm，被绒毛；种子黑色，种脐朱红色。花期5～6月；果期10月。

生于海拔500～900m的喀斯特常绿落叶阔叶混交林中。

地理分布

分布于云南（贡山、蒙自）、广西（南丹、兴安、桂林）、湖南（花垣）、江西（龙南、安远）、广东（连州、阳山、翁源、乐昌、平远）、福建（长汀、龙岩）、台湾（台北、花莲、高雄）、贵州（贵定、印江、遵义、兴义、兴仁、安龙、独山、荔波、罗甸、都匀、贵定、长顺）。在茂兰国家级自然保护区为广布种，分布较为广泛，主要分布于核心区和缓冲区，有30 000～40 000株。

种群与群落特征

伞花木为偏阳性树种，常单株散生于山中下部常绿落叶阔叶混交林中或林缘。萌蘖力强，长势良好，为雌雄异株植物，有一定的结果率，但种子常被动物取食，树下周围萌发幼苗较少，自然更新困难。

伞花木常居乔木层中上层，群落乔木层高5～12m，组成种类有圆叶乌桕、山杜英、任豆、光皮梾木、翅荚香槐、云贵鹅耳枥、化香树、青冈、黄梨木、黄连木等；灌木层有荔波大节竹、海南树参、罗伞、巴东荚蒾、苦木、九里香、南天竹、石岩枫等；草本层主要植物有狭翅巢蕨、翠云草、吊石苣苔、长梗薹草、庐山楼梯草、冷水花、菘蓝、扁穗莎草、肾蕨等。

生存状态

伞花木为第三纪残遗于中国的特有单种属植物，国家二级重点保护野生植物。在《中国生物多样性红色名录——高等植物卷》中列为无危（LC）种。该种在保护区内尚有一定数量，生长状况良好。但种子常被动物取食，天然更新困难，且易受人为采伐，处于易危状态。

扩繁技术

因伞花木在保护区内尚有一定数量，重点是加强对野外分布点的保护，防止人为干扰的破坏，保护野生居群的生境和种群数量，让其通过自身繁殖进行种群的自然更新。

该种种子数量较为丰富，可采集种子进行人工繁殖育苗。在每年的10月初到11月中旬，观察伞花木果实颜色由青绿色过渡到黑色后，便可以将其采收，随采随播。播种床选择：地势平坦、土壤肥沃、日照条件好、排灌方便、土层深厚。选择尺寸为10cm × 16cm的塑料薄膜容器作为育苗容器。配制基质：加入10%的沙子、50%的红土、40%的森林腐殖质土，将营养土碾碎后混合均匀，放入容器中。种子的处理有高锰酸钾浸泡法和混沙湿藏法。最佳的播种时间为 3 月中旬至 4 月初，将种子按照条播法进行播种，注意选择阴天或者晴天的早晚进行移栽幼苗，最后搭建遮阴拱棚，防止幼苗在阳光下被灼伤，保持幼苗生长发育的适宜湿度和透光度。

14. 喙核桃

Annamocarya sinensis (Dode) J.-F. Leroy

主要形态识别特征及生境

落叶乔木。树皮灰白色至灰褐色，常不开裂；幼嫩部分被短柔毛及星芒状毛以及具有橙黄色腺体。幼枝粗壮，显著具棱，一年生及二年生枝则具不明显的棱，紫褐色至灰褐色，无毛。奇数羽状复叶长30～40cm，叶柄三棱形，上面具1沟，基部膨大，长5～7cm，叶轴圆柱形，无棱；小叶通常7～9枚，成长后近革质，全缘；侧生小叶对生，小叶柄长3～5mm，顶生小叶倒卵状披针形，长12～15cm，宽4～6cm。雄性葇荑花序长13～15cm，雄花的苞片及小苞片愈合，被短柔毛并具有腺体，雄蕊5～15枚。雌性穗状花序直立，顶生，具3～5枚雌花。雌花的总苞被短柔毛、星芒状毛，有腺体。果实近球状或卵状椭圆形，长6～8cm，直径5～6cm，顶端具渐尖头；外果皮厚，干燥后木质，4瓣以上裂开，裂瓣中央具1或2纵肋，顶端具鸟喙状渐尖头；果核球形或卵球形，有时略成背腹压扁状，顶端具1鸟喙状渐尖头，并具6～8条不明显的细纵棱；内果皮骨质，厚1.5～2.0mm，外表略具不显著的网纹及皱曲，内面平滑。

生于海拔600～800m土壤为黄壤或棕色石灰土的常绿落叶阔叶混交林边缘及林窗中。

地理分布

分布于广西、云南（富宁、西畴、麻栗坡）、贵州（荔波、榕江、三都、罗甸）、湖南（通道）。在茂兰国家级自然保护区分布于翁昂洞多、拉洞林、肯柄、小七孔。数量稀少，为50～80株。

种群与群落特征

喙核桃为喜光树种，稍耐阴，常单株零星分布于林缘、林窗或农地旁。喜温和湿润环境，土壤为黄壤或棕色石灰土，分布区狭窄，植株稀少，无幼苗，自然更新比较困难。

喙核桃长势良好，多为大树，居群落乔木层上层。

乔木层高8～15m，组成树种有任豆、化香树、天峨槭、黄梨木、青冈、圆叶乌桕、核果木等；灌木层有黔竹、香叶树、石岩枫、青篱柴、罗伞、鼠李、野桐、南天竹、台湾十大功劳等；草本层有冷水花、长梗薹草、菘蓝、扁穗莎草、肾蕨、翠云草、吊石苣苔、庐山楼梯草等。

生存状态

喙核桃为单种属植物，为第三纪古热带孑遗植物，国家二级重点保护野生植物。在《中国生物多样性红色名录——高等植物卷》中列为濒危（EN）种。分布区狭窄，植株稀少，多零星分布，果核常被动物取食，自然更新比较困难，且材质优良，受人为采伐威胁严重，处于极危状态。

扩繁技术

目前尚无喙核桃繁殖技术的相关报道，贵州省植物园对喙核桃种子育苗进行了少量试验，具体方法为：采种后用湿沙贮藏，使内果皮开裂，待翌年春季播种。基质为腐殖土，用0.3%硫酸亚铁溶液进行消毒20天后播种，种子发芽率为35%。

15. 喜树

Camptotheca acuminata Decne.

主要形态识别特征及生境

落叶乔木。树皮灰色或浅灰色，纵裂成浅沟状。小枝圆柱形，平展，当年生枝紫绿色，有灰色微柔毛，多年生枝淡褐色或浅灰色，无毛，有很稀疏的圆形或卵形皮孔。叶纸质，互生，矩圆状卵形或矩圆状椭圆形，长12～28cm，宽6～12cm，顶端短锐尖，基部近圆形或阔楔形，全缘，上面亮绿色，幼时脉上有短柔毛，其后无毛，下面淡绿色，疏生短柔毛，叶脉上密，中脉在上面微凹，下面凸起；叶柄长1.5～3.0cm，上面扁平或略呈浅沟状，下面圆形，幼时有微柔毛，其后几无毛。头状花序近球形，直径1.5～2.0cm，常由2～9个头状花序组成圆锥花序，顶生或腋生，通常上部为雌花序，下部为雄花序；总花梗圆柱形，长4～6cm。花杂性，同株；雄蕊10枚，外轮5枚较长，常长于花瓣，内轮5枚较短，花丝纤细，无毛，花药4室。翅果矩圆形，长2.0～2.5cm，顶端具宿存的花盘，两侧具窄翅，幼时绿色，干燥后黄褐色，着生成近球形的头状果序。花期5～7月；果期9月。

生于海拔700～800m的喀斯特常绿落叶阔叶混交林的林缘或溪边。

地理分布

分布于江苏南部、浙江、福建、江西、湖北、湖南、四川、贵州、广东、广西、云南等省区。在茂兰国家级自然保护区分布于永康凉水井、洞塘板寨、翁昂坡费、丙禾。资源量少，为300～400株。

种群与群落特征

喜树为阳性树种，常散生或呈小片状分布于林缘、林窗或路旁。喜温和湿润环境，土壤为黄壤或棕色石灰土，萌芽能力强，天然更新良好。

喜树树干挺直，多居乔木层上层，群落乔木层高7～15m，组成树种有灯台树、枫香树、翅荚香槐、栲、枳椇、粗柄楠、狭叶润楠、臭椿*Ailanthus altissima*、南酸枣、任豆、掌叶木等；灌木层种类有方竹、野独活、檵木、九里香、齿叶黄皮、罗伞、巴东荚蒾、八角枫、香叶树、细枝柃等；草本层有狭翅巢蕨、翠云草、吊石苣苔、长梗薹草、庐山楼梯草、冷水花、扁穗莎草、肾蕨等。

生存状态

中国特有种，国家二级重点保护野生植物。在《中国生物多样性红色名录——高等植物卷》中列为无危（LC）种。该种在茂兰国家级自然保护区虽然生长状况良好，但分布区狭窄，植株稀少，多零星分布，处于近危状态。

扩繁技术

喜树可进行种子繁殖、扦插、组织培养，主要为种子繁殖。播种繁殖：喜树果期9月，采收后一般在翌年3月上中旬进行播种，播种前先用0.5%高锰酸钾消毒液消毒1～2h，漂洗干净后，再用40℃左右温水浸泡12h，最后取出种子与1/3的鲜河沙混合均匀进行催芽，待80%以上种子张口露芽时即可播种。圃地选择地势平坦、灌排设施齐全的沙质壤土或壤土，育苗前经秋季耕翻培肥，床面整理完成后用0.3%硫酸亚铁溶液进行床面消毒，播种后为防止水分蒸发，用稻草或麦秸覆盖，可达到保温、保湿、促出苗的效果，出苗后应逐渐揭除床面覆草。扦插繁殖：在生长健壮的母株上剪取长约为（15.0±1）cm的半木质化枝条，将枝条一端剪为马蹄形，使用浓度为800mg/L IBA与ABT（1∶1）混合激素可促进生根，同时选择河沙-珍珠岩-椰糠按1∶1∶1组合的基质可提高扦插的生根率和成活率。

16. 香果树
Emmenopterys henryi Oliv.

主要形态识别特征及生境

落叶大乔木。树皮灰褐色，鳞片状。小枝有皮孔，粗壮。叶纸质或革质，阔椭圆形、阔卵形或卵状椭圆形，长6～30cm，宽3.5～14.5cm，顶端短尖或骤渐尖，稀钝，基部短尖或阔楔形，全缘；叶柄长2～8cm，无毛或有柔毛；托叶大，三角状卵形，早落。圆锥状聚伞花序顶生；花芳香，花梗长约4mm；萼管长约4mm，裂片近圆形，具缘毛，脱落，变态的叶状萼裂片白色、淡红色或淡黄色，纸质或革质，匙状卵形或广椭圆形，长1.5～8.0cm，宽1～6cm，有纵平行脉数条，有长1～3cm的柄；花冠漏斗形，白色或黄色，长2～3cm，被黄白色绒毛，裂片近圆形，长约7mm，宽约6mm；花丝被绒毛。蒴果长圆状卵形或近纺锤形，长3～5cm，径1.0～1.5cm，无毛或有短柔毛，有纵细棱。种子多数，小而有阔翅。花期6～8月；果期8～11月。

生于海拔500～800m的洼地、槽谷、鞍部等地段的喀斯特常绿落叶阔叶混交林中。

地理分布

分布于陕西、甘肃、江苏、安徽、浙江、江西、福建、河南、湖北、湖南、广西、四川、云南东北部

至中部、贵州大部。在茂兰国家级自然保护区分布于翁昂洞常、莫干、加别、洞良等。数量稀少，为8000～10 000株。

种群与群落特征

香果树为偏阳性树种，但幼苗、幼树能耐荫蔽，通常单株散生在靠近村寨的次生林中，喜生于山体下部石灰岩发育的山地黄壤、黄棕壤湿润肥沃之处。因受人为干扰频繁，结果母树稀少，加之其种子萌发能力较低，种群数量少，天然更新能力差。

香果树树干通直，长势良好，多居乔木层上层，是乔木层的优势树种。群落乔木层高5～8m，组成树种有喜树、灯台树、枫香树、翅荚香槐、栲、枳椇、狭叶润楠、油桐、野柿、栀子皮*Itoa orientalis*、南酸枣等；灌木层有檵木、油茶*Camellia oleifera*、香叶树、盐麸木、花椒、南天竹、八角枫等；草本层植物有淡竹叶、翠云草、刺羽耳蕨、常春藤、打破碗花花*Anemone hupehensis*、扁穗莎草、细辛、贯众等。

生存状态

我国特有的古老孑遗树种，单种属植物，国家二级重点保护野生植物。在《中国生物多样性红色名录——高等植物卷》中列为近危（NT）种。在保护区分布广泛，种群数量适中，但结果母树稀少，受人为干扰频繁，种群处于亚健康状态。

扩繁技术

播种繁殖：香果树果实10月下旬至11月成熟，当果实由绿色逐渐变成红色时立即采收，放于通风处2～3天自然开裂后选出饱满的种子，沙藏低温下保存，或立即播种。圃地选择背风向阳、土层深厚、排灌方便、交通便利的微酸性沙壤土。为保持床地湿润，可以覆盖稻草或搭盖荫棚，发芽时将稻草揭去，出苗后注意水肥管理。扦插繁殖：选择当年生、健康、无病虫害的实生苗枝条以及主侧根、伐桩上的当年生或二年生萌条作为主要插条，插条长度为8～12cm，粗度为0.4～0.6cm，且对发育饱满的顶芽、距上切口1～2mm位置的1或2个腋芽进行保留，以晚春或初夏进行最佳。晚春以当年生枝条为宜，夏季以根萌条基段作为主要材料。圃地应选择排灌方便、地势平坦、土壤肥沃疏松且深厚、pH 5.5左右的砂质土壤。为保持插床湿润，利于插条成活，可搭建塑料拱棚和遮阳网进行遮阴，后期做好水肥控制和病虫害防治。组织培养繁殖：以香果树种子萌发实生苗新生叶片或芽作为外植体，用MS基本培养基与不同浓度的细胞分裂素和玉米素组合进行组培苗繁殖。

17. 龙棕
Trachycarpus nana Becc.

主要形态识别特征及生境

灌木状棕榈科植物，体高0.5～0.8m；无地上茎，地下茎节密集，多须根，向上弯曲，犹如龙状，故名龙棕。叶簇生于地面，形状如棕榈叶，但较小和更深裂，裂片为线状披针形，长25～55cm，宽1.5～2.5cm，先端浅2裂，上面绿色，背面苍白色；叶柄长25～35cm，两侧有或无密齿。花序从地面直立伸出，较细小，长40～48cm，通常二回分枝；花雌雄异株，雄花序的花比雌花序的花密集；雄花球形，黄绿色，无毛，萼片3枚，几离生，花瓣2倍长于萼片，发育雄蕊6枚，退化雄蕊3枚；雌花淡绿色，球状卵形，花瓣稍长于花萼，心皮3个，被银色毛，胚珠3粒，只1粒发育。果实肾形，蓝黑色，宽10～12mm，高6～8mm。种子形状如果实，胚乳均匀，胚侧生，偏向种脐。花期4月；果期10月。

生于海拔600～1000m的山中部至上部喀斯特常绿落叶阔叶混交林中。

地理分布

分布于云南大姚、宾川（鸡足山）、永胜、峨山，

贵州荔波、独山、三都。在茂兰国家级自然保护区为常见种，大部均有分布，数量为20 000～30 000株。

种群与群落特征

龙棕常零星分散于山中部至上部林下的灌木层中，结果量少，林下幼苗少，自然更新能力差。

龙棕所处林分乔木层高8～15m，组成种类有化香树、云贵鹅耳枥、青冈、圆叶乌桕、朴树、天峨槭、腺叶山矾、贵州石楠、黄梨木、清香木等；灌木层种类有贵州悬竹、棕竹、黄杞*Engelhardia roxburghiana*、香叶树、檵木、球核荚蒾、齿叶黄皮等；草本层有冷水花、长梗薹草、江南卷柏、菘蓝、扁穗莎草、狭翅巢蕨、肾蕨等。

生存状态

中国特有种，国家二级重点保护野生植物。在《中

国生物多样性红色名录——高等植物卷》中列为濒危（EN）种。野外虽然有一定数量，但生境严酷。自然状态下结果量少，自然更新能力差，且由于植株低矮、树形美观，适宜做高级盆景观赏和庭园绿化植物而易被盗采，致使植株数量日渐减少，处于濒危状态。

扩繁技术

龙棕的繁殖方式主要是种子繁殖。龙棕果期10月，采收后用草木灰液浸泡，搓去种子上的蜡质或堆沤3～4天去蜡。也可以室温湿沙贮藏种子，来年播种。圃地选择土层深厚、富含有机质、排灌方便的土壤。将种子放入营养袋后，为防止光照太强灼伤幼苗，搭盖60%～80%的遮阳棚，冬天要预防冻害以及进行水肥管理。

第九章

贵州省重点保护树种

1. 三尖杉

Cephalotaxus fortunei Hook.

主要形态识别特征及生境

乔木。树皮褐色或红褐色，裂成片状脱落。枝条较细长，稍下垂。叶排成2列，披针状条形，通常微弯，长5～10cm，宽3.5～4.5mm，上部渐窄，先端有渐尖的长尖头，基部楔形或宽楔形，上面深绿色，中脉隆起，下面气孔带白色，较绿色边带宽3～5倍，绿色中脉带明显或微明显。雄球花8～10枚聚生成头状；雌球花的胚珠3～8粒发育成种子，总梗长1.5～2.0cm。种子椭圆状卵形或近圆球形，长约2.5cm，假种皮成熟时紫色或红紫色，顶端有小尖头；花期4月；种子8～10月成熟。

生于阔叶树、针叶树混交林中。

地理分布

我国特有树种，产于浙江、安徽南部、福建、江西、湖南、湖北、河南南部、陕西南部、甘肃南部、四川、云南、贵州、广西及广东等省区。贵州大部分地区有分布。在茂兰国家级自然保护区分布于凉水井、尧兰、莫干、洞常、板寨、上必达、洞腮等地，呈零星分布，分布范围广，但资源量不大，为200～300株。

种群与群落特征

三尖杉所处群落郁闭度为0.7，乔木层高8～11m，优势种为化香树、鹅耳枥*Carpinus turczaninowii*，伴生有细叶青冈、枫香树、贵州石楠、岩生翠柏、短叶黄杉和朴树等；灌木层盖度为45%，平均高2m，优势种为革叶铁榄、九里香，其他还有马比木*Nothapodytes pittosporoides*、樟叶木防己、绿叶甘橿*Lindera neesiana*、萝芙木*Rauvolfia verticillata*、宜昌悬钩子*Rubus ichangensis*、羽脉新木姜子*Neolitsea pinninervis*、蔓胡颓子*Elaeagnus glabra*、栀子*Gardenia jasminoides*、网脉酸藤子*Embelia rudis*、檵木、香叶树、竹叶榕*Ficus stenophylla*、贵州石楠、龙须藤、小叶六道木*Abelia parvifolia*、南天竹、粗糠柴、藤黄檀、亮叶鸡血藤、卫矛、红皮树、九里香、朴树、皂荚*Gleditsia sinensis*、砚壳花椒*Zanthoxylum dissitum*、金合欢*Acacia farnesiana*和菝葜*Smilax china*等；草本层盖度低，为15%，优势种为华南楼梯草*Elatostema balansae*，其他还有虎耳草、翠云草、板蓝*Strobilanthes cusia*、大苞半蒴苣苔*Hemiboea magnibracteata*、蝴蝶花*Iris japonica*、裂果薯*Schizocapsa plantaginea*、大叶仙茅、广东石豆兰*Bulbophyllum kwangtungense*、阿拉伯婆婆纳*Veronica persica*、淡竹叶、血盆草*Salvia cavaleriei* var. *simplicifolia*、赤胫散*Polygonum runcinatum* var. *sinense*和多花兰*Cymbidium floribundum*等。

生存状态

我国特有树种，分布广。在《中国生物多样性红色名录——高等植物卷》中列为无危（LC）种。该种在保护区虽然生长状况良好，分布广，但多呈零星分布，易受人为干扰，处于近危状态。

扩繁技术

于9～10月采集成熟种子，集中堆放3～5天，待假种皮软化后搓洗除去，将种子通风晾干，翌年1～2月对种子进行层积催芽处理，到翌年2月，可取种育苗。采用裸根育苗，选择土壤疏松、深厚、肥沃、透气良好的地方作为苗圃。注意水肥管理，二年生苗即可用于野外回归种植，选择交通便利、地势稍平缓的疏林种植，如翁昂三中、更猎、己陇、莫干等地。

2. 粗榧

Cephalotaxus sinensis (Rehd. et Wils.) H. L. Li

主要形态识别特征及生境

灌木或小乔木。树皮灰色或灰褐色，裂成薄片状脱落。小枝椭圆形或长圆形。叶线形，排列成2列，质地厚，通常直，稀微弯，长2～5cm，宽约3mm，基部近圆形，几无柄，上部通常与中下部等宽或微窄，先端通常渐尖或微急尖，上面中脉明显，下面有2条白色气孔带，较绿色边带宽2～4倍，叶肉中有星状石细胞。雄球花6或7聚生成头状，径约6mm，梗长约3mm，基部及花序梗上有多数苞片；雄球花卵圆形，基部有1枚苞片，雄蕊4～11枚，花丝短，花药2～4枚（多为3枚）。种子通常2～5粒，卵圆形、椭圆状卵圆形或近球形，稀倒卵状椭圆形，长1.8～2.5cm，顶端中央有一小尖头。花期3～6月；种子7～11月成熟。

常生于山坡灌丛或山谷底部，黄壤、黄棕壤、棕色森林土、石灰土均能生长。

地理分布

分布于江苏、安徽、浙江、福建、江西、湖北、湖南、广东、广西、贵州、四川、甘肃、陕西及河南。贵州分布于威宁、桐梓、雷山、沿河、印江、松桃、江口、独山、荔波等地。在茂兰国家级自然保护区分布于翁昂三中、洞常、洞多。资源量少，仅发现200～250株。

种群与群落特征

粗榧所处群落郁闭度为0.65，乔木层高10～13m，优势种为南酸枣和枫香树，其他乔木树种还有响叶杨*Populus adenopoda*、刺楸、构树*Broussonetia papyrifera*、伞花木、灯台树和木荷*Schima superba*等；灌木层盖度为60%，平均高3m，优势种为八角枫，其他还有梗花粗叶木*Lasianthus biermanni*、蕊帽忍冬*Lonicera pileata*、锈毛崖豆藤*Millettia sericosema*、凹脉柃*Eurya impressinervis*、薜荔*Ficus pumila*、马桑绣球*Hydrangea aspera*、青荚叶*Helwingia japonica*、栀子、青藤仔*Jasminum nervosum*、苦郎藤*Cissus assamica*、瓜木*Alangium platanifolium*、长叶胡颓子*Elaeagnus bockii*和罗伞等；草本层盖度为30%，优势种为川续断*Dipsacus asper*，其他还有毛葶玉凤花*Habenaria ciliolaris*、紫苞爵床*Justicia latiflora*、华南楼梯草、多毛叶薯蓣*Dioscorea decipiens*、扁鞘飘拂草*Fimbristylis complanata*、大果飞蛾藤*Porana sinensis*、灰绿龙胆*Gentiana yokusai*、扁竹兰*Iris confusa*、多花黄精*Polygonatum cyrtonema*、一把伞南星*Arisaema erubescens*、翅茎灯心草*Juncus alatus*、昌感秋海棠*Begonia cavaleriei*、白花柳叶箬*Isachne albens*等。

生存状态

我国特有树种，在《中国生物多样性红色名录——高等植物卷》中列为近危（NT）种。该种在保护区有分布，但长势弱，数量极其稀少，仅10余株，且易受人为活动干扰，整体健康状况不佳，处于濒危状态。

扩繁技术

可进行播种、嫁接、扦插繁殖，但多以播种、扦插为主。播种繁殖：10月采收成熟种子，去除外种皮，洗净，将阴干的种子与60%持水量的干净湿沙按1∶3的比混合层积于地窖中。4月中旬于营养袋容器中播种育苗，基质为园土、农家肥、河沙（2∶2∶1），需搭遮阳网进行遮阴。扦插繁殖：在7月中旬，此时正处于雨季，光热条件好，粗榧的延长生长正处于缓慢时期，嫩枝达到半木质化，扦插最易生根。在健壮母树上选取当年生半木质化的枝条，剪成8～10cm的插穗，去除基部叶片，保留上部6～8片叶，将剪好的插穗基部在200mg/mL吲哚萘乙酸水溶液中浸泡30min。按10～15cm的株行距在通气性和保水性较好的苗床中进行扦插，苗床基质同上。

3. 桂南木莲
Manglietia conifera Dandy

主要形态识别特征及生境

常绿乔木。树皮灰色，光滑。芽、嫩枝有红褐色短毛。叶革质，倒披针形或狭倒卵状椭圆形，长12～15cm，宽2～5cm，先端短渐尖或钝，基部狭楔形或楔形，上面无毛，深绿色，有光泽，下面灰绿色，嫩叶被微硬毛或具白粉；叶柄长2～3cm。花蕾卵圆形，花梗细长，向下弯垂，长4～7cm，仅花被下有1环苞片痕；花被片9～11，每轮3片，外轮3片常绿色，质较薄，椭圆形，顶端圆钝；雄蕊长1.3～1.5cm，花药长8～9mm；雌蕊群长1.5～2.0cm，下部心皮长0.8～1.0cm，背面具3或4纵沟，花柱长约2mm。聚合果卵圆形，长4～5cm；蓇葖具疣点凸起，顶端具短喙；种子内种皮具凸起点。花期5～6月；果期9～10月。

常生于海拔700～1300m的砂页岩、石灰岩山谷潮湿处。

地理分布

分布于广东北部和西南部、云南（富宁、屏边）、广西中部和东部、湖南、江西、贵州东南部和南部。越南北部永福省也有分布。在茂兰国家级自然保护区分布于莫干，少见，仅见7株。

种群与群落特征

桂南木莲所处群落郁闭度为0.6，乔木层高7～8m，优势种为化香树、鹅耳枥*Carpinus turczaninowii*、还伴生有圆叶乌桕、梾木*Cornus macrophylla*、大花枇杷*Eriobotrya cavaleriei*；灌木层盖度为60%，平均高3.5m，优势种为圆叶乌桕，其他还有齿叶黄皮、盐麸木、石岩枫、香叶树、角叶槭、九里香、罗伞、小叶六道木、球核荚蒾和小叶女贞等；草本层盖度为20%。优势种为日本蛇根草，其他还有兔耳兰、广东石豆兰、盾叶秋海棠、一把伞南星、翅茎灯心草、昌感秋海棠、白花柳叶箬、地胆草、紫背金盘*Ajuga nipponensis*、疏花鹅观草*Roegneria laxiflora*和土牛膝*Achyranthes aspera*等。

生存状态

在《中国生物多样性红色名录——高等植物卷》中列为无危（LC）种。该种在保护区有分布，但健康状况不佳，处于濒危状态。

扩繁技术

以种子繁殖为主。9～10月采集成熟果实，去掉红色假种皮。将种子用湿沙贮藏。发芽率为60%，一年生苗高40～50cm，可出圃造林。

4. 深山含笑
Michelia maudiae Dunn

主要形态识别特征及生境

乔木。树皮薄，浅灰色或灰褐色。芽、嫩枝、叶下、苞片被白粉。叶革质，长圆状椭圆形，长7～18cm，宽3.5～8.5cm，先端骤狭短渐尖或短渐尖而尖头钝，基部楔形、阔楔形或近圆钝，上面深绿色，有光泽，下面灰绿色，被白粉。叶柄长1～3cm，无托叶痕。花芳香，花被片9，纯白色，基部稍呈淡红色，外轮倒卵形，内两轮近匙形；雄蕊长1.5～2.2cm；雌蕊群长1.5～1.8cm；心皮绿色，狭卵圆形、连花柱长5～6mm。聚合果长7～15cm；蓇葖长圆形、倒卵圆形、卵圆形，顶端圆钝或具短突尖头。种子红色，斜卵圆形，长约1cm，宽约5mm，稍扁。花期2～3月；果期9～10月。生于海拔600～1100m的密林中。

地理分布

分布于浙江南部、福建、湖南、广东（北部、中部及南部沿海岛屿）、广西、贵州。模式标本采自香港。在茂兰国家级自然保护区分布于高望，有200～300株。

种群与群落特征

深山含笑所处群落郁闭度为0.75，乔木层高12～15m，优势种为细叶青冈、山枫香树*Liquidambar formosana* var. *monticola*、贵州石楠，还伴生有贵州泡花树、翅荚香槐、黄梨木；灌木层盖度为45%，平均高2.5m，优势种为齿叶黄皮、盐麸木，还伴生有针齿铁仔、香叶树、青篱柴、金佛山荚蒾、野漆、黄檀、鞍叶羊蹄甲*Bauhinia brachycarpa*、小叶女贞、檵木、大青

Clerodendrum cyrtophyllum、野桐、交让木、柘*Maclura tricuspidata*、光枝勾儿茶、算盘子*Glochidion puberum*、长叶柞木*Xylosma longifolium*、珊瑚冬青*Ilex corallina*、全缘叶紫珠*Callicarpa integerrima*、高粱泡*Rubus lambertianus*、小果蔷薇*Rosa cymosa*、千金藤*Stephania japonica*、云实*Caesalpinia decapetala*、尖山橙*Melodinus fusiformis*；草本层盖度为30%，优势种为五节芒、蜈蚣草*Pteris vittata*，此外还有薹草*Carex* sp.、薯蓣*Dioscorea* sp.、蕺菜*Houttuynia cordata*、金线兰*Anoectochilus roxburghii*、光滑囊瓣芹*Pternopetalum nudicaule* var. *esetosum*、狭叶落地梅*Lysimachia paridiformis* var. *stenophylla*和蛛毛苣苔*Paraboea sinensis*等。

生存状态

中国特有种，在《中国生物多样性红色名录——高等植物卷》中列为无危（LC）种。本种在保护区种群数量不多，且幼树、幼苗较少，结构不合理，加上由于具有较高的观赏价值，部分幼苗采挖严重，种群处于近危状况。

扩繁技术

深山含笑可进行播种、嫁接，以及离体组织培养繁殖，但多以播种、嫁接繁殖为主。播种繁殖：深山含笑果期9～10月，采收后用清水浸泡，使果皮腐烂，轻轻揉搓去除果皮。种子可随采随播，也可用湿砂贮藏到2月下旬至3月上旬播种。圃地应选择排灌条件好、光照中等、土层深厚且水源充足、排水良好的砂质壤土。为保持苗床土壤疏松、湿润，利于种子发芽，可以覆盖薄膜，待种子发芽时揭去薄膜，同时也可防止鼠类及鸟类危害。夏季要进行苗木遮阴并注意水肥管理。嫁接繁殖：砧木采用白玉兰实生苗，地径1cm以上；接穗选择深山含笑6年以上实生苗的树冠中部有饱满腋芽的成熟枝条，剪除叶片，保留叶柄。可进行方块芽接（9月）或者单芽切接（3月）。组织培养繁殖：参照曾宋君等（2000）的方法，以成苗的休眠芽以及种子萌发后实生苗的上胚轴与下胚轴为外植体，用MS培养基进行组培苗的繁殖。成苗后，选择与其生境相似的地域或种群所处地域，如高望、牛洞等地进行回归种植。

5. 川桂
Cinnamomum wilsonii Gamble

主要形态识别特征及生境

乔木，高可达25m。枝条圆柱形。叶互生或近对生，卵圆形或卵圆状长圆形，长8.5～18.0cm，宽3.2～5.3cm，先端渐尖，基部渐狭下延至叶柄，上面绿色，光亮无毛，下面灰绿色，幼时明显被白色丝毛，最后变无毛，离基三出脉，中脉与侧脉两面凸起，侧脉自离叶基5～15mm处生出，向上弧曲，至叶端渐消失；叶柄长10～15mm，腹面略具槽，无毛。圆锥花序腋生，长3～9cm，单一或多数密集，少花，近总状或为2～5朵花的聚伞状，具梗，总梗纤细，长1.5～6.0cm，与序轴均无毛或疏被短柔毛。花白色，长约6.5mm；花被内外两面被丝状微柔毛，花被裂片卵圆形，先端锐尖，近等大。能育雄蕊9枚，退化雄蕊3枚，位于最内轮。子房卵球形，花柱增粗，柱头头状、宽大。花期4～5月；果期9月。

生于海拔800～900m的路旁或密林下。

地理分布

分布于陕西、四川、贵州、湖北、湖南、广西、广东及江西。贵州分布较广，在茂兰国家级自然保护区分布于凉水井、洞羊山、洞多、久伟、尧所、三岔河等地。分布零星，资源量偏少，为6200～7500株。

种群与群落特征

群落郁闭度为0.6，优势种为化香树、青冈，川桂多居林下乔木层的下木层至灌木层。群落高9～13m，伴生有树参*Dendropanax dentiger*、紫楠、黄梨木和米槠*Castanopsis carlesii*等乔木树种；灌木层盖度为30%，平均高2.5m，优势种为黄杞，伴生有台湾十大功劳、桃叶珊瑚*Aucuba chinensis*、灰叶南蛇藤*Celastrus glaucophyllus*、野扇花、虎皮楠*Daphniphyllum oldhami*、粉花绣线菊*Spiraea japonica*、檵木、滇水丝梨*Sycopsis yunnanensis*、构棘*Cudrania cochinchinensis*、圆叶乌桕、薄叶羊蹄甲*Bauhinia glauca* subsp. *tenuiflora*、

海南冬青*Ilex hainanensis*、山様叶泡花树*Meliosma thorelii*、小花木荷*Schima parviflora*、扁担杆*Grewia biloba*；草本层物种较少，盖度为15%，优势种为多齿吊石苣苔*Lysionotus denticulosus*，此外还有红茎黄芩*Scutellaria yunnanensis*、黄金凤*Impatiens siculifer*、象头花*Arisaema franchetianum*、萱草*Hemerocallis fulva*、狭叶落地梅、疏花鹅观草*Roegneria laxiflora*、土牛膝*Achyranthes aspera*、椭圆叶冷水花和短毛唇柱苣苔*Chirita brachytricha*等。

生存状态

未列入《中国物种红色名录——高等植物卷》。在我省分布较广，但野生资源储藏量不大，缺乏幼苗、幼树。由于该种用途广泛，资源破坏严重，调查可见少量植株受到破坏，加之天然繁殖能力较弱，自然更新困难，成年植株已不多见，种群总体处于“亚健康”状态。

扩繁技术

自然状态下，由于林下荫蔽、岩石裸露率高，川桂自然更新能力弱，因此，一方面要加强对野外分布点的保护，防止人为干扰造成的威胁，保护野生居群的生境和种群数量，让其通过自身繁殖进行种群的自然更新；另一方面可采取适当改变林下荫蔽条件，改善种子的着土、萌发条件，提高种子的出苗率，促进种群天然更新。

也可选取优良母树采种育苗，在11～12月，种子果皮呈紫黑色时采种进行随采随播，不便随采随播的要进行处理和贮藏，先用冷水泡1～2天，搓掉果皮，再用40℃的温水反复搓洗数次，也可用草木灰浸泡12～24h脱脂去除蜡质层，处理后的种子采用沙藏，温度控制在15℃左右最好，1月可播种。播种前用敌克松300倍液均匀喷湿苗床表土，对土壤进行消毒。可采用条播或点播，覆土厚度为种子直径的两倍，行间因地形宜选用谷草、麦秆、松针、木屑等均匀覆盖。若温度较低，天气寒冷，需采用塑料薄膜覆盖，有增温、保湿，防止风吹、水蚀的作用。播种后要经常检查，采取保护措施，防止鸟类、鼠类危害。出苗期，床面保持湿润；生长初期，浇水要做到量少、次数多，出现旱情时要及时浇水，速生期浇水量加大，做到浇透浇匀；生长后期，除特别干旱外，一般不灌溉。要及时匀苗、定苗。匀苗从幼苗出现拥挤时开始，分2或3次，在阴天或雨天后结合除草进行。匀苗后要压实苗根土壤。

6. 紫楠
Phoebe sheareri (Hemsl.) Gamble

主要形态识别特征及生境

乔木。树皮灰白色。小枝、叶柄及花序密被黄褐色或灰黑色柔毛或绒毛。叶革质，倒卵形、椭圆状倒卵形或阔倒披针形，长8～27cm，宽3.5～9.0cm，先端突渐尖或突尾状渐尖，基部渐狭，上面完全无毛或沿脉上有毛，下面密被黄褐色长柔毛，少为短柔毛，中脉和侧脉上面下陷，侧脉每边8～13条，弧形，在边缘联结，横脉及小脉多而密集，结成明显网格状；叶柄长1.0～2.5cm。圆锥花序长7～15（18）cm，在顶端分枝；花长4～5mm；花被片近等大；子房球形，花柱通常直，柱头不明显或盘状。果卵形，长约1cm，直径5～6mm，果梗略增粗，被毛；宿存花被片卵形，两面被毛，松散。花期4～5月；果期9～10月。

多生于海拔1000m以下的山地阔叶林中。

地理分布

产自长江流域及其以南地区，分布广，贵州大部分地区有分布。在茂兰国家级自然保护区分布于凉水井、洞羊山，资源量较少，为400～600株。

种群与群落特征

紫楠分布于化香树-青冈林中，群落郁闭度为0.6，紫楠位于乔木层的下木层至灌木层。群落高10～12m，还伴生有枫香树、黄连木、树参、黄杞、天峨槭和米

槠等乔木树种；灌木层盖度为40%，平均高2.5m，优势种为藤黄檀、香叶树，其他还有珊瑚树、杨梅叶蚊母树、钩藤*Uncaria rhynchophylla*、雀梅藤*Sageretia thea*、箬竹、黄梨木、粗糠柴、南天竹、野扇花、球核荚蒾、披针叶胡颓子、独山石楠、常春油麻藤*Mucuna sempervirens*等；草本层盖度为40%，优势种为洪氏马蓝，还伴生有日本蛇根草、大果飞蛾藤、灰绿龙胆*Gentiana yokusai*、扁竹兰、多花黄精、圆叶挖耳草*Utricularia striatula*、一把伞南星、翅茎灯心草、昌感秋海棠、蚂蝗七、虎耳草和见血青等。

生存状态

在《中国生物多样性红色名录——高等植物卷》中列为无危（LC）种。保护区分布的种群基本健康。

扩繁技术

可进行种子播种或扦插繁殖。种子播种繁殖：采收成熟果实，清水浸泡使果皮腐烂，轻轻揉搓去除果皮，选择便于灌溉的肥沃地块。一般采用春播或秋播，将种子点播入苗床。播后覆盖基质，覆盖厚度为种粒直径的2～3倍。用草帘、薄膜等覆盖在苗床表面，目的是调节土温、保持土壤湿润、防止表土板结、减少杂草的同时

浇水不会冲出种子、防止鸟害等。在幼苗出土后撤除覆盖物。出苗后应进行适当的肥水管理，复合肥每隔一个月施1次。播种前可对种子和土壤进行适当消毒，亦可增施堆肥。扦插繁殖：宜在清明节前进行，从优良母株上选取无病虫害、生长健壮的一年生或二年生半木质化的枝条（清晨采条最佳）。切成长5～8cm的插穗，上切口平切，留1或2片叶，下切口斜切。将ABT生根粉配成低含量的溶液（100mg/L），然后将插条基部在溶液中浸泡4～6h；扦插时采用直插法，将洗净消毒后的河沙或沙质壤土作为扦插基质。扦插密度为200枝/m^2，扦插深度为插穗的1/3或2/3。插后压紧，及时浇透水，保持苗床土壤含有充足的水分。插条出芽后施肥，遵循薄肥勤施的原则，复合肥一个月施1次。扦插后应立即浇足第一次水，后期管养要做好保墒及松土工作。幼苗在苗床培育1～2年后要进行移植。幼苗适宜移栽后选择其种群所处地段（如凉水井）或与其生境相似的地方进行回归种植。

7. 八角莲

Dysosma versipellis (Hance) M. Cheng

主要形态识别特征及生境

多年生草本，植株高40～150cm。根状茎粗壮，横生，多须根；茎直立，不分枝，无毛，淡绿色。茎生叶2枚，薄纸质，互生，盾状，近圆形，直径达30cm，4～9掌状浅裂，裂片阔三角形、卵形或卵状长圆形，长2.5～4.0cm，基部宽5～7cm，先端锐尖，不分裂，上面无毛，背面被柔毛，叶脉明显隆起，边缘具细齿；下部叶柄长12～25cm，上部叶柄长1～3cm。花梗纤细，下弯，被柔毛；花深红色，5～8朵簇生于离叶基部不远处，下垂；花瓣6片，勺状倒卵形，长约2.5cm，宽约8mm，无毛；雄蕊6枚，长约1.8cm，花丝短于花药，药隔先端急尖，无毛；子房椭圆形，无毛，花柱短，柱头盾状。浆果椭圆形，长约4cm，直径约3.5cm。种子多数。花期3～6月；果期5～9月。

生于海拔650～950m的山坡林下、灌丛中、溪旁阴湿处、竹林下或石灰山常绿林下。

地理分布

分布于湖南、湖北、浙江、江西、安徽、广东、广西、云南、贵州、四川、河南、陕西。贵州分布于铜仁、镇远、天柱、锦屏、黄平、雷山、三都、平塘、威宁、水城、安顺、惠水、望谟、册亨、安龙、独山、荔波等地。在茂兰国家级自然保护区分布于凉水井、尧兰、久伟、板寨、洞腮等地，有8000～12 000株。

种群与群落特征

八角莲所处群落郁闭度为0.75，乔木层高15m，优势种为尾叶紫薇，还伴生有海通*Clerodendrum mandarinorum*、贵州石楠、细叶青冈；灌木层盖度为40%，平均高2m，优势种为小果蔷薇，此外还

有黑龙骨*Periploca forrestii*、青篱柴、冠毛榕*Ficus gasparriniana*、腺毛莓*Rubus adenophorus*、闽粤悬钩子*Rubus dunnii*、无刺菝葜*Smilax mairei*等；草本层盖度为20%。优势种为紫苞爵床，还有杜若*Pollia japonica*、牛筋草*Eleusine indica*、三枝九叶草*Epimedium sagittatum*、盾叶唐松草*Thalictrum ichangense*、短蕊万寿竹*Disporum bodinieri*、毛葶玉凤花、石山苣苔*Petrocodon dealbatus*、华南楼梯草、粘山药、扁鞘飘拂草等。

生存状态

我国特有植物，在《中国生物多样性红色名录——高等植物卷》中列为易危（VU）种。保护区分布广，但由于具有较高药用价值而常被采挖，种群数量急剧减少，处于濒危状态。

扩繁技术

八角莲可采用种子繁殖，亦可采用根茎进行营养繁殖以及离体组织培养。播种繁殖：八角莲种子9～10月上旬成熟，浆果易脱落时采下置于清水中，搓去果肉，捞出种子，随时翻种。播种时在整好的苗床上将种子均匀地撒播于畦面，施入钙镁磷肥后盖草土灰，再覆土约2cm，播完喷透水，使床土湿润，畦面加盖地膜，保温保湿。秋播翌年3月中旬至4月上旬出苗，幼苗培育2年后的秋季倒苗期间进行移栽定植，在栽培地按行株距25cm左右、沟深5cm开穴或开条沟定植，栽时使根系在沟内舒展，覆土3～5cm，浇水保湿，务必随挖随栽。根茎繁殖：采收时挖取地下根茎，切下有芽头的根茎1或2节作种，按育苗移栽规格将根茎放入穴中或条沟中，芽头向上，覆盖土杂肥和细土，浇透水，畦面覆盖无纺布，保湿培育。组织培养：以八角莲的萌芽根茎、叶片为外植体，配制合理的培养基和激素，可以诱导八角莲的愈伤组织，培育组培苗。新育幼苗适宜移栽后，在秋季倒苗后选择其种群所处地段或与其生境相似的地方进行回归种植，应选择植于林下而非林缘或空地。起苗时注意不要弄坏其根系，随起随播，植株汁液亦不要误食或溅入眼中，以免引发中毒。

8. 岩生红豆
Ormosia saxatilis K. M. Lan

主要形态识别特征及生境

常绿乔木。树皮灰绿色，幼时平滑，老则有圆形凸起皮孔或纵裂。小枝密被黄褐色绒毛；冬芽裸露，密被黄褐色绒毛。奇数羽状复叶，长14～17cm，叶柄、叶轴密被黄褐色绒毛；小叶8～11对，薄革质，长椭圆状披针形或卵状披针形，长2.7～5.0cm，宽1.1～1.5cm，先端渐尖、钝圆或微凹，基部圆形或宽楔形，上面微被毛或无毛，下面密被黄褐色绒毛，中脉上面凹陷，下面凸起，侧脉5或6对；小叶柄短，长约2mm，果序顶生及腋生；荚果长方形或菱形，压扁，长4～6cm，宽1.6～2.3cm，无毛，果瓣厚木质，成熟时黑色，有种子1～3粒。种子近圆形，长约10mm，宽约8mm，种皮鲜红色。生于石灰岩上中性或微酸性土的林中。

地理分布

分布于贵阳、荔波、望谟。在茂兰国家级自然保护区分布于凉水井，约60株。

种群与群落特征

调查仅发现岩生红豆分布于凉水井山脊，所处群落郁闭度为0.3，乔木层树种少，本层高6m，优势种为巴东栎*Quercus engleriana*、短叶黄杉，还伴生有化香树、香港四照花*Cornus hongkongensis*、黄梨木；灌木层盖度为55%，平均高2m，优势种为单枝竹*Bonia saxatilis*，还有光叶海桐、尼泊尔鼠李*Rhamnus napalensis*、金丝桃、枝花李榄*Linociera ramiflora*、黑龙骨、青篱柴、

珊瑚树、绿叶冠毛榕*Ficus gasparriniana* var. *viridescens*和绿叶甘橿*Lindera neesiana*等伴生，岩生红豆处于灌木层，大部分为萌发幼树，平均高2m；草本层物种较少，盖度为5%，有浅圆齿堇菜*Viola schneideri*、尾花细辛、大苞半蒴苣苔、小尖堇菜*Viola mucronulifera*、长节耳草*Hedyotis uncinella*、打破碗花花、狭叶落地梅和蛛毛苣苔*Paraboea sinensis*等。

生存状态

在《中国生物多样性红色名录——高等植物卷》中列为极危（CR）种。在保护区内也仅在凉水井被发现，数量极少，约60株，而且多数为砍伐后所萌发的，种群极不健康。

扩繁技术

目前未见对苗木繁育技术的相关报道。

9. 青檀

Pteroceltis tatarinowii Maxim.

主要形态识别特征及生境

乔木，高可达20m以上。树皮灰色或深灰色，不规则的长片状剥落。小枝黄绿色，干时变栗褐色，疏被短柔毛，后渐脱落，皮孔明显。叶纸质，宽卵形至长卵形，长3～10cm，宽2～5cm，先端渐尖至尾状渐尖，基部不对称，楔形、圆形或截形，边缘有不整齐的锯齿，基部三出脉，侧出的一对近直伸达叶的上部，侧脉4～6对，叶面绿，幼时被短硬毛，后脱落常残留有圆点，光滑或稍粗糙，叶背淡绿，在脉上有稀疏的或较密的短柔毛，脉腋有簇毛，其余近光滑无毛；叶柄被短柔毛。翅果状坚果近圆形或近四方形，直径10～17mm，黄绿色或黄褐色，翅宽，稍带木质，有放射线条纹，下端截形或浅心形，顶端有凹缺，果实外面无毛或多少被曲柔毛，常有不规则的皱纹，有时具耳状附属物，具宿存的花柱和花被，果梗纤细，长1～2cm，被短柔毛。花期3～5月；果期8～10月。

常生于海拔500～1500m山谷溪边石灰岩山地疏林中。

地理分布

分布于辽宁、河北、山西、陕西、甘肃、青海、山东、江苏、安徽、浙江、江西、福建、河南、湖北、湖南、广东、广西、四川和贵州（大部分地区有分布）。在茂兰国家级自然保护区分布于洞羊山、洞常、瑶寨、尧所、洞腮等地，有300～400株。

种群与群落特征

青檀所处群落郁闭度为0.7，乔木层高12～15m，优势种为南酸枣、灯台树，还伴生有野樱、枫香树和四照花，青檀平均高15m，平均胸径25cm；灌木层盖度为35%，平均高2.5m，优势种为金樱子，还有老虎刺、水麻、台湾十大功劳、檵木、菝葜、火棘、小叶女贞、川莓*Rubus setchuenensis*、香叶树、梗花雀梅藤*Sageretia henryi*、柔弱杜茎山、常春藤、针齿铁仔、香果树等；

草本层极少，盖度为5%，优势种为翠云草，还有宽叶金粟兰、鹅肠菜*Myosoton aquaticum*、头花蓼*Polygonum capitatum*、赤胫散和尾花细辛等。

生存状态

在《中国生物多样性红色名录——高等植物卷》中列为无危（LC）种。保护区零星分布，数量不多，处于近危状态。

扩繁技术

青檀可采用播种繁殖或扦插育苗。播种繁殖：青檀成熟的种子由青绿变为黄色，成熟时应当立即采收。采后晒干，装入布袋并放置在较干燥处。圃地可选择在湿润的石灰质土壤上，随采随播或春播均可。播种前细致整地，施足基肥，每亩施100kg农家肥。苗床高20cm，宽1m。为使苗木出土快，发芽整齐，春播育苗采用催芽处理，将种子放入容器中，加入清水浸泡2～3天，每天换水一次，待种子吸足水分，取出晾干即可播种。以条播为主，行距25～30cm。每米播种80～150粒，播种量1～1.5kg/亩。播种后覆土以不见种子为度，并立即盖草，防止雨水冲刷使种子露出床面。播种后约半个月便发芽出土，当大部分苗出土后，即在傍晚或阴天揭草。幼苗出土后要及时除草。降雨或灌溉后表土出现干结现象时要进行松土。扦插育苗：3月中旬，从林分中选取一年生硬枝，截取其中上部枝条作为插穗。插穗的粗度为0.8～1.2cm，长15cm，上端截平，下端截成马耳形，每穗留腋芽2～4个。圃地土壤应为沙壤土，疏松、肥沃，排水良好，水源方便。扦插前对圃地进行深翻，每亩施基肥（饼肥）100kg和少许农家肥。把截取的枝条经α-萘乙酸溶液浸泡，浓度为200mg/L，浸泡1h，扦插行距20cm，株距15cm，将插穗深插土中，外露1cm左右，以上端第一个芽微露土外为宜，插后即用喷壶洒水浇湿床面。扦插时不可伤及皮部和木质部分，一旦产生从形成层处分离的现象，就不易形成愈合组织，影响生根。青檀扦插后要注意水肥管理，保持苗床床面湿润，施肥应做到次多量少。待其幼苗适于移栽后，选取与青檀所处生境相同或相似的林地进行回归种植，起苗前应将苗床浇透水分，以免伤及根系，并及时移栽。

10. 清香木

Pistacia weinmannifolia J. Poisson ex Franch.

主要形态识别特征及生境

常绿灌木或小乔木，高2～8m。叶柄稍具短柔毛；偶数羽状复叶互生，有小叶4～9对；叶轴具狭翅，具凹槽；小叶柄短；小叶叶片长圆形或倒卵状长圆形，长1.3～3.5cm，宽0.8～1.5cm，革质，两面沿中脉具稍短柔毛，基部偏斜，宽楔形，边缘全缘和稍外卷，先端圆形或通常短尖，正面侧脉凹陷，背面突出。在叶中的花序腋生，混合有淡黄棕色和红色的腺状短柔毛；花无梗，紫红色。雄花具2或3枚长圆形小苞片和3～5枚长圆状披针形膜质花被片，长约2mm；雄蕊5枚（稀7枚），花丝短，花药长圆形，具细尖药隔。雌花具2～5枚卵状披针形小苞片和5枚卵状披针形膜质花被片，长约1.5mm。核果近球形，直径5～6mm。花期3～5月；果期6～8月。

生境

常生于海拔500～2700m的石灰岩灌丛中或疏林中。

地理分布

分布于广西、四川、西藏、云南、贵州（大部分地区有分布）。在茂兰国家级自然保护区广泛分布，有200 000～250 000株。

种群与群落特征

分布于久伟山脊的清香木种群面积、密度大，群落郁闭度为0.7，乔木层高9～12m，优势种为华南五针松，此外还伴生有厚皮锥*Castanopsis chunii*、青冈

Cyclobalanopsis glauca、枫香树、杉木、尾叶紫薇、贵州山核桃、罗浮锥*Castanopsis fabri*、木荷、朴树等；灌木层盖度为60%，平均高2m，优势种为九里香、南天竹，此外还有金丝桃、枝花李榄、腺毛莓*Rubus adenophorus*、闽粤悬钩子*Rubus dunnii*、牛皮桐、无刺菝葜、扶芳藤、巴东胡颓子*Elaeagnus difficilis*、石榕树*Ficus abelii*、算盘子、微毛山矾*Symplocos wikstroemiifolia*、宜昌悬钩子、黑龙骨、青篱柴、旱禾树、皱叶石斑木、冠毛榕和小果蔷薇等；草本层盖度为15%，优势种为足茎毛兰*Eria coronaria*，此外还有乌蔹莓、麦冬、长毛赤瓟*Thladiantha villosula*、球花马蓝*Strobilanthes dimorphotricha*、尖头花*Acrocephalus indicus*、乳浆大戟*Euphorbia esula*、漆姑草*Sagina japonica*、金线兰、光滑囊瓣芹、鸭跖草*Commelina communis*、单叶石仙桃*Pholidota leveilleana*、元宝草*Hypericum sampsonii*、裂果薯、细穗腹水草*Veronicastrum stenostachyum*、碎米莎草*Cyperus iria*、光叶绞股蓝*Gynostemma laxum*和多花兰等。

生存状态

保护区内分布广、数量大，种群健康。

扩繁技术

清香木可进行播种繁殖或扦插育苗。播种繁殖：清香木种子成熟期与散落期非常接近，一旦成熟，遇风遇雨即脱落，不易收集，故应及时采种，采回后立即调制，将果实堆沤，搓去果皮，放水中淘洗，脱粒弃杂后阴干，置通风干燥处贮藏。春秋皆可播种，一般秋播发芽率比春播要高。播前，将精选好的种子置于始温为20℃左右温水中浸泡24h，种子吸水膨胀，捞出并置暖湿条件下催芽。一般每亩用种量6kg。清香木幼苗怕水涝、怕阴、怕肥害，因此需要避免水涝、荫蔽，不可施肥。扦插育苗：春秋皆可扦插。在树木休眠期，选取壮年母树一年生健壮枝，截成10～15cm长的插穗，上切口距芽1.0～1.5cm，下截口距芽0.3～0.5cm。扦插基质选择通透性好、持水量中等、pH中性或微酸性的插壤为宜。扦插之前，基质要消毒。插穗用ABT生根粉药剂（参照说明书使用）浸渍基部。浸渍时间为12～24h。开沟埋植，插穗插入土壤2/3左右。插后覆盖塑料薄膜，提高空气湿度，生根前要精细管理，45天左右开始生根。待幼苗适宜移栽后，选取石灰岩山地（阳坡林木较稀疏处）进行回归种植。

11. 贵州山核桃
Carya kweichowensis Kuang et A. M. Lu

主要形态识别特征及生境

乔木。树皮灰白色至暗褐色，浅纵裂。小枝灰黑色，散布有稀疏的皮孔，幼时亦有盾状着生的橙黄色腺体。冬芽黑褐色，有树脂。奇数羽状复叶长11～20cm，叶柄及叶轴无毛，生稀疏腺体，小叶5枚，上部3枚较大，下部2枚较小；小叶片纸质，基部歪斜、边缘有锯齿，上面无毛，下面仅侧脉腋内有1簇柔毛，两面均散生稀疏的腺体，后逐渐脱落，中脉在下面隆起，侧脉11～13对，伸达近叶缘处相互网结。雄性柔荑花序1～3条1束，每条花序长达14cm。雌性穗状花序顶生，花序轴粗壮。果实扁圆形、稀扁倒卵形，疏生腺体，长2.0～2.5cm，径2.1～2.5cm，无纵棱，果核扁球形，长1.6～1.9cm，径2.0～2.2cm，淡黄白色，顶端凹陷，基部平圆，有2条纵凹线条。花期3～4月；果期10月。

生于海拔700～1100m的山坡林中。

地理分布

分布于安龙、望谟、册亨、兴义、荔波等地。在茂兰国家级自然保护区分布于久伟、力打、洞应、坡保等地，有3500～5000株。

种群与群落特征

翁昂片区久伟的种群，位于峰丛下部平缓处，

海拔为810～830m，坡度为15°，岩石裸露率为60%以上，群落中贵州山核桃占绝对优势，分布集中，面积约为0.8hm^2，株数为300株，平均胸径为45cm；群落郁闭度高，为0.85，乔木层高30m，还伴生有少量枫香树、灯台树、伞花木、青冈、贵州琼楠、四照花和香木莲*Manglietia aromatica*；灌木层盖度为45%，平均高3m，优势种为密蒙花*Buddleja officinalis*、苞叶木*Rhamnella rubrinervis*和巴东荚蒾，其他伴生种有马鞍叶羊蹄甲*Bauhinia brachycarpa*、紫麻、南天竹、桃叶珊瑚、紫金牛*Ardisia japonica*、南方荚蒾*Viburnum fordiae*、野扇花、无柄五层龙*Salacia sessiliflora*、粗叶悬钩子*Rubus alceifolius*、常春藤、雀梅藤、广西崖爬藤*Tetrastigma kwangsiense*、天门冬*Asparagus cochinchinensis*、心叶双蝴蝶*Tripterospermum cordifolioides*、宜昌悬钩子、紫花络石*Trachelospermum axillare*、鸡矢藤*Paederia scandens*、石柑子*Pothos chinensis*、抱茎菝葜*Smilax ocreata*、链珠藤*Alyxia sinensis*和网脉酸藤子；草本层盖度为25%，优势种为淡竹叶和东风草*Blumea megacephala*，此外还有黄花鹤顶兰*Phaius flavus*、昌感秋海棠、大苞半蒴苣苔、龙芽草*Agrimonia pilosa*、肾蕨、龙头草*Meehania henryi*、千里光、天名精*Carpesium abrotanoides*、蜈蚣草、假糙苏

Paraphlomis javanica、变豆菜*Sanicula chinensis*、新月蕨*Pronephrium gymnopteridifrons*和绞股蓝*Gynostemma pentaphyllum*等。

生存状态

在《中国生物多样性红色名录——高等植物卷》中列为极危（CR）种。保护区自然分布的几个种群数量不大，但年龄结构基本合理，种群在向健康方向发展。

扩繁技术

贵州山核桃目前尚未见育种信息，可参考杨武其等（2010）对湖南山核桃的育种方法进行实生苗育种试验：当年作种核用的贵州山核桃采收后在通风阴凉处摊晾3～5天，散失种核部分水分，使种核硬壳微裂，即可浸种。浸种时除去浮于水面的坏秕种核，浸泡2～3天后将充分吸足水分的种核平铺在苗床上，覆厚3cm细土，灌透水，盖稻草保温进行催芽。保温40～60天后，将已萌芽的种核简单分级，按30cm×10cm株行距播种于已备好的大田苗床，覆厚3～5cm细土，常规管理。这样育苗得到的苗木直至达到出圃栽培要求时，再选择种群所处地段或相似生境进行回归种植。

12. 刺楸

Kalopanax septemlobus (Thunb.) Koidz.

主要形态识别特征及生境

落叶乔木。树皮暗灰棕色。小枝淡黄棕色或灰棕色，散生粗刺；刺基部宽阔扁平。叶纸质，在长枝上互生，在短枝上簇生，圆形或近圆形，直径9～25cm，稀达35cm，掌状5～7浅裂，裂片阔三角状卵形至长圆状卵形，长不及全叶片的1/2，茁壮枝上的叶片分裂较深，裂片长超过全叶片的1/2，先端渐尖，基部心形，上面深绿色，无毛或几无毛，下面淡绿色，幼时疏生短柔毛，边缘有细锯齿；叶柄细长，长8～50cm，无毛。花白色或淡绿黄色。花瓣5片，三角状卵形，长约1.5mm；雄蕊5枚；花丝长3～4mm；子房2室，花盘隆起；花柱合生成柱状，柱头离生。果实球形，直径约5mm，蓝黑色；宿存花柱长2mm。花期7～10月；果期9～12月。

多生于阳性森林、灌木林中和林缘，水分丰富、腐殖质较多的密林，向阳山坡，甚至岩质山地也能生长。垂直分布海拔自数十米起至千余米。

地理分布

分布广，北自东北起，南至广东、广西、云南，西自四川西部，东至海滨的广大区域内均有分布。朝鲜、俄罗斯和日本也有分布。贵州全省有分布，在茂兰国家级自然保护区分布于马道、更邑、己陇、洞羊山、坡地山、力打等地，有6000～8000株。

种群与群落特征

种群常见于杉木-马尾松林、栲-枫香树-贵州山核桃林、黄枝油杉-黄连木-掌叶木林、南酸枣-枫香树林等林分中，分布海拔800～900m，所处群落郁闭度一般为0.7左右，乔木层高7～12m，伴生种常见的有响叶杨、伞花木、灯台树、木荷、黄梨木、珊瑚树、尾叶紫薇和化香树等；灌木层盖度为65%，平均高2m，优势种为香叶树、九里香、乌冈栎，常见伴生有野扇花、虎皮楠、异叶榕*Ficus heteromorpha*、石南藤*Piper wallichii*、扁担杆*Grewia biloba*、轮环藤*Cyclea racemosa*、枝翅珠子木*Phyllanthodendron dunnianum*、京梨猕猴桃*Actinidia*

callosa var. *henryi*、定心藤*Mappianthus iodoides*、薄叶鼠李*Rhamnus leptophylla*、广西崖爬藤、网脉酸藤子、阔叶清风藤*Sabia yunnanensis* subsp. *latifolia*；草本层盖度为15%，优势种为足茎毛兰、荩草，其他还有红茎黄芩*Scutellaria yunnanensis*、黄金凤*Impatiens siculifer*、象头花*Arisaema franchetianum*、萱草、狭叶落地梅、金发草、川续断、疏花鹅观草、土牛膝、椭圆叶冷水花*Pilea elliptilimba*、短毛唇柱苣苔、繁缕*Stellaria media*、石山苣苔和牛耳朵*Chirita eburnea*等。

生存状态

在《中国生物多样性红色名录——高等植物卷》中列为无危（LC）种。刺楸在保护区分布范围广，数量相对较多，种群健康。

扩繁技术

刺楸可采用实生苗育苗以及组培技术进行繁殖。刺楸果熟时黑色，采种期一般在9～10月，采集后用木板揉搓水洗，除去果肉。刺楸种子洗净后在播种前要进行低温层积催芽，在翌年清明前后查看种子情况，

种子有近半数裂口时则可进行播种，否则应在通风处进行覆膜催芽，直至达到催芽要求才能进行播种，若种子不进行催芽则可能出现2～3年后才出苗或者不出苗。选择土层深厚、肥沃、湿润、微酸性及中性土壤，土层3～5cm、地温达到7～8℃时进行播种，一般采用条播，每亩播种量5～6kg。也可采用撒播，由于种粒小，为了撒种均匀，可连同混沙一起播种。播种后，为使种子与土壤紧密接触，可轻轻镇压，用细河沙覆盖种子1cm，再镇压一遍，覆一薄层稻草，然后灌足水。

组培技术：休眠芽及幼嫩茎段分别使用0.1% $HgCl_2$消毒10min；在对休眠芽和幼嫩茎段进行离体培养时筛选出1/2 MS+2.0mg/L 6-BA+0.1mg/L NAA为最适培养基及激素组合，腋芽萌发率较高；生根培养时1/2 MS+0.1mg/L NAA+20g/L蔗糖为最适培养基；移栽后1周，生长正常，长势良好。待幼苗适宜移栽后选择其种群所处地段（如马道、洞羊山）或与其生境相似的地方进行回归种植。

第十章

特有植物

1. 岩生翠柏

Calocedrus rupestris Aver., T. H. Nguyên et P. K. Lôc

主要形态识别特征及生境

常绿乔木。树皮棕灰色至灰色，纵裂，片状剥落。小枝向上斜展、扁平、排成平面，明显成节；鳞叶交叉对生，中央叶片扁平，两侧叶片对折，楔状，覆于中央叶片的侧边，叶背通常绿色或具不显著白色气孔带。雌雄同株。雄球花单生于枝顶，圆柱形，具（8）9～11对雄蕊（至少2～4对不育），每枚雄蕊具2～6个下垂花药；雄蕊长0.8～1（1.2）mm，宽1.0～1.2mm，浅绿色至浅棕色；球果绿褐色，单生或成对生于枝顶，卵形，长（4）5～6（7）mm，宽（2.5）3～4mm，当年成熟时开裂。种鳞2对，扁平，木质或有时稍革质，宽卵状，通常种子2粒；种子卵圆形或椭圆形，具2个不等大的翅，长4～5mm。

生于海拔700～1000m的山脊、山顶一带的喀斯特针阔叶混交林中。有时呈单株散生于村寨或农地边。

地理分布

分布于广西北部木论国家级自然保护区、荔波。在茂兰国家级自然保护区分布于尧桥、西竹、力打、洞常、三岔河等地，分布较广，有7000～10 000株。

种群与群落特征

岩生翠柏为中性偏阳性树种，幼年耐阴，之后逐渐喜光。耐旱性、耐瘠薄性均较强。常散生于山脊、山顶一带的针阔叶混交林中。其生长环境极为恶劣，立地条件差，树木生长缓慢，径级小，高度低，分枝矮。易于结实，种子萌发率高，林下幼苗、幼树较多，天然更新能力较强。

岩生翠柏常居乔木层上层，所处群落乔木层高4～7m，组成树种有华南五针松、短叶黄杉、荔波鹅耳枥、乌冈栎、化香树、黄梨木、细叶青冈、苦枥木*Fraxinus insularis*等；灌木层种类有贵州悬竹、光叶海桐、清香木、球核荚蒾、齿叶黄皮等；草本层组成种类有冷水花、荩草、长梗薹草、足茎毛兰、江南卷柏、白毛鸡矢藤*Paederia pertomentosa*等。

生存状态

国家二级重点保护野生植物，在《中国生物多样性红色名录——高等植物卷》中列为无危（LC）种。在茂兰国家级自然保护区分布范围相对较广，数量大，种群健康。

扩繁技术

加强对野外分布点的保护，防止人为盗采，保护野生居群的生境和种群数量，让其通过自身繁殖进行种群的自然更新。

目前未见该种人工繁育技术的报道。该种种子数量较为丰富，可采集种子进行人工繁殖试验。

2. 短叶穗花杉

Amentotaxus argotaenia var. **brevifolia** K. M. Lan et F. H. Zhang

主要形态识别特征及生境

常绿小乔木。树皮灰褐色或红褐色，裂成片状脱落。小枝对生或近对生，圆形或近方形，一年生枝绿色，二年生、三年生枝黄绿色；冬芽无树脂道，芽鳞交互对生，宿存于小枝基部。叶对生，排成2列，具短柄，条状披针形，厚革质，直或微弯镰状，长2.0～3.7cm，宽5～7mm，先端尖或钝，基部宽楔形，边缘微反卷，上面深绿色，中脉隆起，下面有2条与绿色边带等宽或近等宽的粉白色气孔带。雌雄异株。种子翌年成熟，下垂，椭圆形，被囊状假种皮所包，长约2cm，直径1cm，先端具极短尖头，成熟时假种皮鲜红色，基部具宿存的苞片，种梗长1.0～1.4cm，扁四棱形。

生于南亚热带喀斯特地区常绿落叶阔叶混交林下，立地条件要求苛刻，土壤为黑色石灰土，pH为7.0～7.5，土层厚度为20～80cm，石砾含量为5%～15%，水分充足，林内相对湿度大于70%，海拔980～1020m，坡向阴坡，坡度为15°～35°，坡位中上。

地理分布

仅分布于保护区莫干，有26株。

种群与群落特征

种群结构较合理，但数量极少。群落类型为青冈-化香树林，其他主要树种有荔波鹅耳枥、乌冈栎、圆叶乌桕等；草本主要有莎草科植物、蕨类等。

生存状态

种子繁殖能力较强。但因种群数量极少，仅有一个分布点，有26株，种群不健康，应尽快采取措施进行扩繁试验研究。

扩繁技术

到目前为止，未见对短叶穗花杉人工驯化及引种栽培的报道，尚需进行深入研究。

3. 木论木兰
Magnolia mulunica Law et Q. W. Zeng

主要形态识别特征及生境

常绿小乔木。树皮灰褐色。嫩枝绿色，老枝灰褐色，具灰白色皮孔。叶厚革质，狭椭圆形，长12～20cm，宽2.5～4.0cm，顶端长渐尖至尾尖，基部楔形，上面深绿色，无毛，下面淡绿色，被微柔毛，叶缘稍反卷；中脉在上面凹下，在下面凸起，侧脉每边12～22条，不到达叶缘，在叶缘附近弯弓联结；叶柄长1～3cm，托叶痕达叶柄顶端。花芳香，顶生，稀腋生，花蕾绿色，卵状椭圆形，花梗密被平伏褐色柔毛；花被片卵状椭圆形，基部密被平伏褐色柔毛，外轮3片绿色，中轮和内轮皆3片白色，厚肉质。聚合果椭圆形，长4～6cm，直径3cm，椭圆形，顶端具长喙，干时背面具凸起瘤点，每果具发育种子1或2粒。种子红色。花期4～6月；果期9～10月。

生于石灰岩山地坡下部海拔450～700m阴湿地。本种与长叶木兰*M. paenetalauma*近缘，但本种叶厚革质，狭椭圆形，长12～20cm，宽2.5～4.0cm，下面被微柔毛；花被片卵状椭圆形，长3～4cm，宽2.5～3.4cm，成熟时椭圆体形，具凸起瘤点，顶端具长喙，可以区别。

地理分布

分布于贵州荔波，广西环江、南丹。在茂兰国家级自然保护区分布于凉水井、洞化、高望、莫干等地，有15 000～20 000株。

种群与群落特征

种群数量较大。群落类型为青冈-腺叶山矾林，其他主要树种有云贵鹅耳枥、化香树、圆叶乌桕、齿叶黄皮、九里香等，草本主要有莎草、岩生翠柏、翠云草、狭翅巢蕨等。

生存状态

种群数量较大，分布区人为干扰小，所处群落自然条件较好，种群与群落健康。

扩繁技术

目前未见该种人工繁育技术的报道。

4. 石山木莲

Manglietia calcarea X. H. Song

主要形态识别特征及生境

常绿乔木。除芽鳞及芽鳞痕被褐色长柔毛外，全株无毛。小枝粗壮，径约8mm。叶通常集生枝顶，革质，倒卵状椭圆形或倒卵状披针形，长17～20cm，宽6～8cm，先端圆，具短尖头，基部渐窄，下延至叶柄；上面绿色，稍有光泽；中脉在上面凹下，侧脉14～17对，干时在叶上面隆起；叶柄长3～4cm，基部膨大；托叶与叶柄连生，叶柄上托叶痕呈半椭圆形，长4～5mm。花白色，花被片9，3轮排列，外轮倒卵状椭圆形，长约6cm，宽约3cm，顶端圆，外面中部淡紫红色；中、内轮稍小，近倒卵状匙形，长4～6cm，花柄长1.0～1.5cm。果卵状球形，长约6cm，径约5cm，成熟心皮厚木质，椭圆状菱形，沿腹缝线全裂及沿背缝线中部以上开裂，每果爿有种子2～5粒。种子近矩圆形。花期4～5月；果期8～9月。

该种在贵州荔波及广西环江石灰岩山地海拔600～800m的林中及林缘常能见到，其树干通直、圆满，花大而美丽，是一种很好的用材树种和观赏树种。

本种与中缅木莲*Manglietia hookeri*近缘，但叶较小，叶形为倒卵状椭圆形或倒卵状披针形，叶柄上托叶痕长仅4～5mm；外轮花被片外面中部淡紫红色；雌蕊群心皮数目较少，通常为12～16枚；成熟心皮沿腹缝线全裂及沿背缝线中部以上开裂，可以与后者区别。

地理分布

主要分布于广西木论国家级自然保护区及茂兰国家级自然保护区的洞多、洞常、瑶寨、卡记，有1000～1500株。

种群与群落特征

该种种群主要分布于海拔650～820m的山坳、山腰、洼地、槽谷的次生林中，闲置地边，黔竹林内及密林下；群落类型主要为椤木-青冈林；群落主要由椤木、伞花木、掌叶木、黄连木、栾树、青冈、十大功劳*Mahonia fortunei*、岩柿、贵州悬竹、楼梯草*Elatostema involucratum*、巢蕨*Neottopteris nidus*等构成。

生存状态

种群与群落健康，但种群数量较少，处于近危状态。

扩繁技术

10～11月采种，经沙藏后于翌年2～3月播种。条播，播幅10～15cm，深1.0～1.5cm，用腐殖土覆盖0.5～1.0cm。3月下旬开始出苗。一年生苗高生长量平均为16～18cm，地径生长量平均为5mm。石山木莲苗木生长初期苗高生长较慢，从6月上旬开始，至8月中旬出现快速生长，8月下旬之后，苗高生长速度逐渐减缓，直至停止生长。地径从6月下旬至10月中旬快速生长，之后生长速度逐渐减缓，直至基本停止生长。

5. 独山瓜馥木
Fissistigma cavaleriei (H. Lév.) Rehder

主要形态识别特征及生境

攀缘灌木，除老叶面外，全株均被柔软的淡红色短柔毛。叶近革质或厚纸质，长圆状披针形或长圆状椭圆形，长6～16cm，宽2～4cm，顶端急尖，基部浅心形，叶面被稀疏短柔毛，中脉和侧脉在叶面凹陷，在叶背凸起，侧脉每边14～21条，叶柄长6～8mm。花淡黄色，1～5朵丛生于小枝上，与叶对生或互生；花梗长2cm，基部有2枚苞片，萼片卵状长圆形，长约6mm，两面均被淡红色绒毛。果圆球状，直径2.0～2.5cm，密被柔毛；果柄长2.7cm，总果柄长1.2cm，均被淡红色短柔毛。花期3～11月；果期秋季至春初。

生于石灰岩山地海拔700～900m的密林中。

地理分布

产于云南、贵州和广西。本种模式标本采自贵州独山。在茂兰国家级自然保护区分布于莫干，有16株。

种群与群落特征

种群结构较为单一。群落类型主要为光皮梾木-化香林；群落主要由腺叶山矾、掌叶木、黄梨木、十大功劳、岩柿、九里香、莎草、楼梯草、翠云草、白茅等构成。

生存状态

分布区狭窄，种群数量少，种群与群落不健康。

扩繁技术

目前尚无人工繁育技术的相关报道。

6. 黔南厚壳桂
Cryptocarya austrokweichouensis X. H. Song

主要形态识别特征及生境

常绿小乔木。小枝纤细，当年生枝初被短柔毛，不久脱落。叶近革质或厚纸质，椭圆形或矩圆状椭圆形，常稍呈镰状，长10～14cm，宽3～5cm，先端渐尖，基部常不对称，上面绿色，两面无毛，侧脉6～8对，叶柄长0.3～0.5cm，被短柔毛。圆锥花序腋生或顶生，密被短柔毛，花少数，黄绿色，花被片6，卵状椭圆形，外面密被短柔毛；子房近卵形。幼果绿色，椭圆形，有明显的纵棱。花期4～5月；果期10～11月。

生于海拔500～700m的石灰岩山地水边。本种与岩生厚壳桂*Cryptocarya calcicola*近缘，但一年生枝无毛或近无毛，叶较小，两面无毛；圆锥花序短小，长通常为3～5cm，基部分枝最长者仅1.5cm；花较小，长2.5～3.0mm，与后者可以区别。

地理分布

分布于广西北部及贵州南部。在茂兰国家级自然保护区分布于凉水井、高望、莫干、小七孔等地，有1800～2500株。

种群与群落特征

群落类型主要为青冈-多脉榆林；群落内其他植物主要有光皮梾木、掌叶木、喙核桃*Annamocarya sinensis*、栾树、翅荚香槐、小叶蚊母树、狭叶润楠、雅榕*Ficus concinna*、莎草、冷水花等。

生存状态

种群数量偏少，所处群落健康，本种受威胁较小，种群健康。

扩繁技术

目前未见对人工繁育技术的相关报道。

7. 荔波润楠

Machilus glaucifolia C. S. Chao ex X. H. Song

主要形态识别特征及生境

常绿小乔木。小枝纤细，无毛。叶近革质，集生枝顶，椭圆形或倒卵状椭圆形，长4～9cm，宽1.1～2.3cm，先端尾尖或长渐尖，基部楔形或窄楔形，上面绿色，无毛，侧脉不明显，下面灰白色，沿中脉有极细的白色短毛，侧脉略明显；叶柄细，长5～8mm，无毛。果序顶生，聚伞状，具1或2果，果序梗、果梗红色，被稀疏灰黄色绢毛，果序梗长1.0～1.5cm。果近球形或扁球形，直径5～6mm，无毛，果梗长5～6mm，宿存花被片6，矩圆形，伸展或微反曲，外面密被灰黄色绢毛，内面被极稀的细毛。

本种与琼桂润楠*Machilus foonchewii*近缘，但叶片小，宽仅1.1～2.3cm，先端尾尖或长渐尖，不是钝尖，果甚小，直径5～6mm。

生于海拔700m的喀斯特林下。

地理分布

文献记载仅分布于茂兰国家级自然保护区立化（1981年4月20日，朱政德、赵奇僧1130号）。本次调查未发现。

荔波润楠

1. 果枝；2. 果

8. 石山楠
Phoebe calcarea S. K. Lee et F. N. Wei

主要形态识别特征及生境

常绿乔木。芽及花被片里面有毛，其余光滑无毛。小枝近圆柱形或略有棱，纤细，浅褐色。叶革质，长圆形，长15～20cm，宽3～6cm，先端渐尖，基部渐狭略下延，中脉、侧脉两面凸起，侧脉纤细，每边7～11条，与中脉约成45°角伸展，小脉结成网格状，两面明显，叶柄长1.5～3.0cm，上面有沟槽。圆锥花序顶生或生于新枝基部，长15～20cm；花柄长8～15mm，花淡黄白色。果卵形，长8～10mm，直径5～6mm，宿存花被裂片紧贴。花期4月；果期7月。

生于石灰岩山地海拔500～700m的漏斗及槽谷底部。

地理分布

产自广西都安、环江，贵州荔波。在茂兰国家级自然保护区分布于凉水井、三岔河、洞多，有1800～2100株。

种群与群落特征

种群数量较少。群落类型主要为贵州石楠-石山楠林；群落主要由樟叶槭*Acer coriaceifolium*、南酸枣、宜昌润楠、小叶蚊母树、雅榕、莎草、楼梯草、翠云草等构成。

生存状态

种群数量偏少，所处群落健康，该种群自然结实、更新正常，种群健康。

扩繁技术

目前未见对人工繁育技术的相关报道。

9. 荔波凤仙花

Impatiens liboensis K. M. Liu et R. P. Kuang

主要形态识别特征及生境

多年生草本，高20～50cm，全株无毛。具球状或不规则的地下块茎，茎直立，不分枝。叶互生于茎顶端，叶柄长1.5～5.0cm，叶椭圆形至长椭圆形，长6～15cm，宽2.0～4.5cm，渐尖或尾状渐尖，基部楔形，无腺体，两侧稍不等。叶缘具钝齿，两齿间有微毛；侧脉6～11对。花序生于上部叶腋，有花3～7朵，总梗长4～7cm，花柄长1.0～2.5cm，在基部具卵形或长卵形苞片，长5～10mm，早落。花黄白色或粉白色，喉部有粉红色斑点。侧萼片4枚，外面2枚侧萼斜卵形，里面两侧萼片线状披针形。唇瓣囊状，距长1.2～1.5cm；旗瓣倒卵形，先端钝，背面中脉具有渐狭的龙骨状凸起。翼瓣无柄，2裂，上裂片近长圆形，先端锐尖；下裂片卵圆形或斜倒卵形，背面具反折的小耳，近圆形。雄蕊5枚，花丝线形，花药小，先端钝。子房上位，直立，4个心皮，中轴胎座；花柱1，顶端4裂。蒴果倒卵形棒状，顶端具喙，肉质。

生于海拔55～700m的密林下阴湿处或洞口弱光带。

地理分布

分布于茂兰国家级自然保护区洞腮、加别，有200～300株。

种群与群落特征

荔波凤仙花目前仅在黔南荔波被发现，分布于潮湿的半荫蔽溪谷，与泥炭藓*Sphagnum* sp.、中华鳞毛蕨*Dryopteris chinensis*、檵木、水麻、冷水花和石菖蒲*Acorus tatarinowii*等共生。

生存状态

种群数量极少，处于极危状态，种群不健康。

扩繁技术

未见该种人工繁育技术的报道。

10. 荔波连蕊茶
Camellia lipoensis Chang et Xu

主要形态识别特征及生境

灌木至小乔木。嫩枝略被柔毛。叶革质，长卵形，长2.0～3.2cm，宽1.0～1.6cm，先端长尾状，基部近圆形，上面干后深绿色，下面在中脉上有微毛，其余无毛，侧脉不明显；边缘在中部以上有细锯齿，齿距2～3mm；叶柄长1.0～1.5mm，多少有微毛。花白色，顶生及腋生，直径2cm，花柄长2mm；苞片4，阔卵形，长1mm，有睫毛；萼片5枚，连成杯状，长2mm；花瓣7片，阔倒卵形，长7～13mm，基部略连生，边缘有睫毛，雄蕊长4～8mm，着生于花瓣基部，花丝离生，花药长1mm；子房2或3室，无毛；花柱长5～10mm，无毛，先端2裂或3裂。蒴果未见。

生于石灰岩山地中、下部林下，林缘。

地理分布

产于贵州荔波茂兰国家级自然保护区尧兰、三岔河、蒙寨、塘边等地。

种群与群落特征

种群数量极少，所处群落为掌叶木-黄梨木林，群落郁闭度为0.7，其他主要树种有海通、贵州石楠、细叶青冈等；灌木层郁闭度为45%，主要有圆叶乌桕、金珠柳*Maesa montana*、钩藤、梗花粗叶木、扶芳藤、巴东胡颓子、石榕树、算盘子、微毛山矾、台湾十大功劳、薜荔、马桑绣球、青荚叶、栀子等；草本层主要有翠云草、石韦等。

生存状态

种群数量极少，约350株，未见幼苗、幼树，种群处于濒危状态。

扩繁技术

未见对该种人工繁育的报道。因其开花结实少，除种子成熟时收集种子进行繁殖外，应尝试采取扦插繁殖、组织培养繁殖等方式培育苗木，回归原生地，扩大种群数量。

11. 荔波瘤果茶

Camellia rubimuricata Chang et Xu

主要形态识别特征及生境

灌木。嫩枝无毛，顶芽近秃净。叶革质，卵形或椭圆形，长4.5～8.0cm，宽2.5～3.5cm，先端渐尖，基部圆形或钝，上面干后深绿色，有光泽，下面黄绿色，无毛，侧脉7或8对，上面不明显，下面能见，网脉在上下两面均不明显，边缘有细锯齿，叶柄长5～7mm。花红色，顶生，直径4cm，无柄；苞片5或6，近圆形，长5～7mm，近无毛；萼片倒卵圆形，长1.0～1.4cm，外面中肋有柔毛，花瓣6或7片，长圆形或倒卵圆形，长3.0～3.5cm，宽1.2～1.8cm，近先端略有柔毛；雄蕊长1.5～1.8cm，外轮花丝连生5～6mm；子房4室，无毛；花柱4，离生，长1.8cm，无毛。蒴果近球形，直径1.5～2.0cm，果皮有瘤状凸起，厚3～4mm。种子有柔毛。花期7～8月；果期11～12月。

生于海拔700～850m的石灰岩山地林中。

地理分布

分布于茂兰国家级自然保护区洞羊山、尧兰，有300～500株。

种群与群落特征

荔波瘤果茶所处群落乔木优势种为任豆、翅荚

香槐、圆叶乌桕，郁闭度为0.65，其他乔木有女贞*Ligustrum lucidum*、黄连木、天峨槭、贵州石楠等；灌木层盖度为40%，平均高2m，有香叶树、狭叶润楠、火棘、岩柿、竹叶花椒、九里香、南天竹、树参、大叶紫珠*Callicarpa macrophylla*、黄丹木姜子、黄脉莓*Rubus xanthoneurus*、长叶水麻*Debregeasia longifolia*等；草本层物种数量少、盖度低，主要有槲蕨*Drynaria roosii*、石韦、荩草、冷水花、莎草和石柑子。

生存状态

调查发现荔波瘤果茶种群年龄结构属于金字塔型，幼年个体较丰富，老年个体很少，种群处于增长状态。

扩繁技术

贵州省植物园对本种进行了引种繁殖试验，种子播种出苗率达90.18%。可在8～9月采集种子播种育苗，也可在原生地幼苗密集处适当挖取并到周边种植。

12. 独山石楠

Photinia tushanensis T. T. Yu

主要形态识别特征及生境

常绿灌木。小枝粗壮，幼时密生灰色绒毛，之后脱落，老时无毛，灰褐色或灰黑色。叶厚革质，长椭圆形，长11～17cm，宽3～5cm，先端急尖或圆钝，具短尖头，基部圆形，边缘稍外卷，全缘或波状缘，上面初生绒毛，后脱落无毛或近无毛，下面密生黄褐色绒毛，逐渐脱落，但有部分残存，中脉粗壮，在上面深陷，在下面显著隆起，侧脉13～15对，无叶柄或有短粗叶柄，密生绒毛，或脱落无毛。花多数，密集成顶生复伞房花序，直径9cm；总花梗和花梗密生灰色绒毛。花期7月。

生于海拔840～950m的石灰岩山顶灌丛中。

地理分布

产自贵州荔波、广西环江，模式标本采自独山。在茂兰国家级自然保护区分布广泛，常零星分布，约23 000株。

种群与群落特征

群落类型主要为乌冈栎-化香树林；群落内其他植物主要有荔波鹅耳枥、短叶黄杉、青冈、清香木、安顺润楠、龙棕、岩柿、贵州悬竹、瓦韦等。

生存状态

种群数量适中，种群结构合理，受威胁较小，种群与群落健康。

扩繁技术

目前未见对该种人工繁育技术的相关报道。

13. 荔波悬钩子
Rubus shihae T. L. Xu

主要形态识别特征及生境

攀缘灌木，高约2m。枝圆柱形，幼时具浅黄色长柔毛，老时无毛，疏生下弯皮刺。叶革质，长圆状披针形，长6～10cm，宽1.8～3.5cm，顶端长尾尖，基部圆形或心形，下面密被灰黄色绒毛，边缘有不整齐尖锐锯齿，侧脉6～8对；叶柄长1.0～1.5cm，被稀疏长柔毛；托叶离生，早落，线状披针形，全缘或顶端浅裂，具柔毛。顶生圆锥花序，具密集花朵；总花梗和花梗密被绒毛与长柔毛，花梗长0.5～1.0cm；苞片和托叶相似，但远较小，密生柔毛；花直径约1cm，花萼内面被柔毛，外面密被绒毛和长柔毛；萼片宽卵形，急尖或短突尖，全缘或顶端浅条裂；花瓣宽倒卵形，白色，有爪，腹面近基部有柔毛，比萼片稍短；雄蕊多数，花丝线形，无毛；雄蕊15～20枚，花柱略长于雄蕊，无毛；子房基部具长柔毛，小核具粗皱纹，花果期10～11月。

生于海拔850m的石灰岩山地林中。

地理分布

记载分布于荔波永康（陈谦海9610，贵州省生物研究所植物标本馆），本次野外调查未发现。

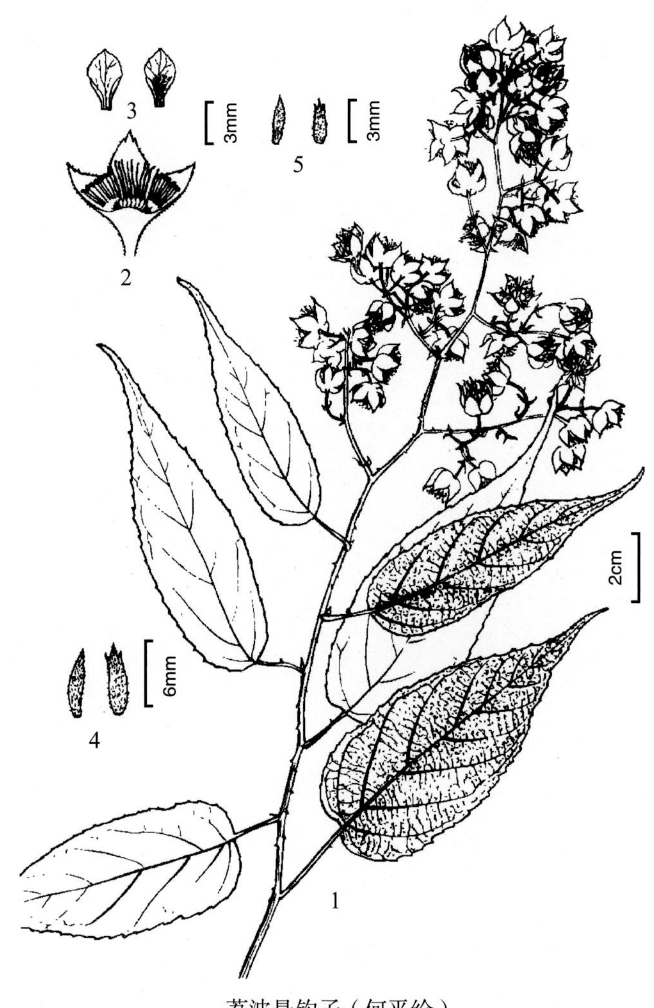

荔波悬钩子（何平绘）

1. 花枝；2. 花纵剖面；3. 花瓣；4. 托叶；5. 苞片

14. 球子崖豆藤

Millettia sphaerosperma Z. Wei

主要形态识别特征及生境

攀缘灌木，全株几无毛。枝圆柱形，具细棱，表皮淡黄色，剥落，皮孔细小，稀布。羽状复叶，叶柄长4～6cm，基部具关节，着生处膨大呈托状，叶轴上面有沟，托叶锥刺状，小叶仅1对，纸质，披针状椭圆形，顶生小叶较大，长11～18cm，宽6～9cm，侧生小叶长9～12cm，宽3.5～5.0cm，上面深绿色，平坦，下面草绿色，侧脉8或9对。圆锥花序顶生，长宽各12～15cm，被细柔毛，花枝细长伸展，花多数，单生，花冠红色至紫色。荚果圆球形，肿胀，长5～6cm，宽约3cm，密被黄褐色绒毛，顶端具弯尖喙，缝线清晰，果皮革质，有种子1或2粒。种子阔卵形。花期6～8月；果期10～11月。

生于海拔880～1000m的地区，一般生长在山上部湿地或山谷溪旁疏林中。

地理分布

分布于广西北部、贵州东南部。资料记载在茂兰国家级自然保护区分布于白鹇山。本次调查未发现。

球子崖豆藤（何东泉绘）

1. 果枝；2. 花序；3. 旗瓣；4. 翼瓣；5. 龙骨瓣；6. 种子

15. 荔波蚊母树
Distylium buxifolium Y. K. Li et X. M. Wang

主要形态识别特征及生境

常绿乔木。当年生枝密被锈色星状短绒毛，之后渐变无毛，暗褐色。叶革质，椭圆形，长1.8～4.6cm，宽1.0～2.2cm，先端短尖，有钝尖头，无小突尖，基部楔形，边全缘；中脉上面凹下，背面稍隆起；侧脉每边4或5条，两面均不明显；表面无毛，背面脉腋常有簇毛；叶柄长2～3mm，密被星状短绒毛。果序总状（基部稀有分枝），长1.0～2.5cm，有果实1～4个，果序轴与果梗密被绒毛。宿存花柱长6～7mm，稀被星状毛；宿存萼裂片长圆状披针形，长3～4mm，两面无毛。蒴果（未熟）卵球形，长4～5mm，密被星状绒毛。

本种与小叶蚊母树近缘，但当年生枝密被星状短绒毛。叶椭圆形，先端短尖，无小突尖。花柱较长，易于区别。

生于石灰岩山地海拔600m的山谷疏林中。

地理分布

分布于贵州荔波茂兰国家级自然保护区吉纳、洞腮，约130株。

种群与群落特征

种群数量较少。群落类型为伞花木-小叶栾树林，其他主要树种有掌叶木、青冈、化香树、九里香、方竹等，草本主要有海芋*Alocasia odora*、翠云草、冷水花等。

生存状态

种群所处群落健康，本种在群落中零星分布，长势健康，年龄结构基本合理，种群健康。

扩繁技术

目前未见对该种人工繁育技术的相关报道。

16. 荔波桑

Morus liboensis S. S. Chang

主要形态识别特征及生境

落叶乔木。胸枝圆柱形，灰褐色，冬芽卵圆形，疏被柔毛。叶纸质，长圆状椭圆形，长6～12cm，宽4～8cm，先端急尖或短尾状，尾长7～10mm，基部圆形或浅心形，边缘1/3以上具钝锯齿，表面深绿色，近基部散生白色柔毛，背面绿白色，略现点状钟乳体，中脉在表面微下陷，在背面明显隆起，侧脉3或4对，基生侧脉延伸至叶片2/3处；叶柄长2～3cm，略被微柔毛；托叶早落。聚花果圆筒形，长2.5～3.7cm，直径4～5mm；核果密集，熟时红色。

生于石灰岩山地海拔700m的常绿落叶阔叶林中。

地理分布

分布于贵州荔波茂兰国家级自然保护区凉水井（模式标本产地）、尧兰，有100～150株。

种群与群落特征

种群数量稀少。群落类型为小叶栾树-光皮梾木林，其他主要树种有黄连木、青冈、掌叶木、樟叶槭、腺叶山矾、石山木莲、九里香、中华野独活*Miliusa sinensis*、黔竹、方竹等，草本主要有翠云草、荔波唇柱苣苔、狭翅巢蕨、冷水花等。

生存状态

种群所处群落健康，本种在群落中数量较少，结实率极低，自身繁殖更新较困难，种群处于衰退阶段。

扩繁技术

目前未见对该种人工繁育技术的相关报道。

17. 荔波卫矛

Euonymus myrianthus Xu

主要形态识别特征及生境

落叶小乔木，高5m。枝条黄绿色。叶对生，纸质，黄绿色，倒卵形，长5.0～6.5cm，宽1.8～2.2cm，顶端尾尖，基部楔形，边缘具疏齿，侧脉通常6对，远离边缘联结成弧形，小脉网状，两面显著，叶柄长4mm。聚伞花序有花3朵，花序梗长约1.5cm。花黄白色，雄蕊几无花丝。蒴果淡黄色，近球形，4肋明显，直径约1cm，每室具2粒种子。种子灰褐色，近球形，直径4mm，完全被橙红色假种皮包裹。花期4～5月；果期10月。

生于海拔700～850m荔波县石灰岩山地林中。

地理分布

记载分布于荔波石灰岩山（1984年4月，许兆然L1459；1984年10月，许兆然L1746）。本次野外调查未发现。

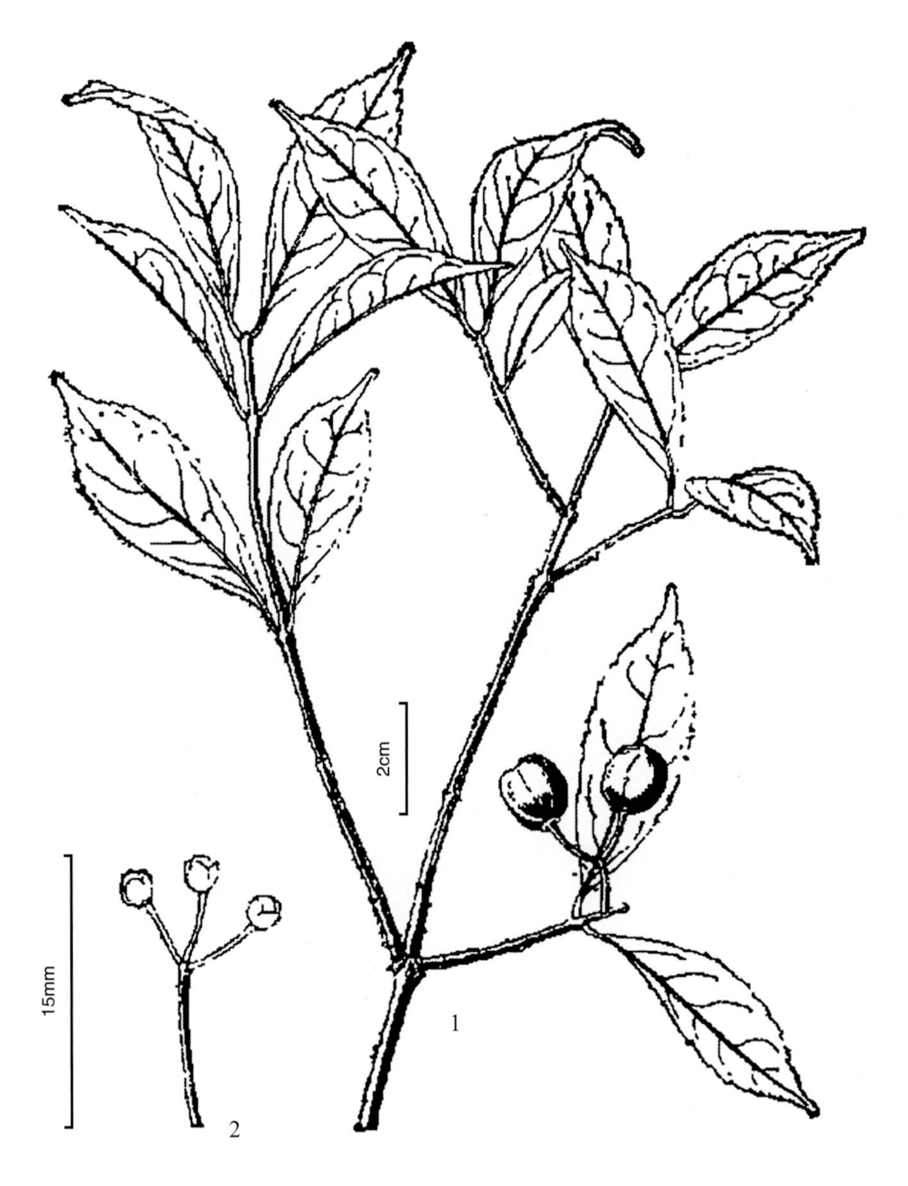

荔波卫茅（谢庆健绘）

1. 果枝；2. 花蕾

18. 石生鼠李

Rhamnus calcicola Q. H. Chen

主要形态识别特征及生境

常绿灌木，无刺。顶芽被黄褐色柔毛。小枝灰褐色，被短柔毛；老枝褐色，具不规则纵裂。叶大小异形，同侧交替互生；小叶倒卵形、倒卵圆形，长0.8～1.5cm，宽6～8mm；大叶倒卵状椭圆形、椭圆形，长2～3cm，宽0.8～1.5cm；先端钝圆，常具细尖头，基部楔形，边缘常背卷；上面无毛或仅中脉被微毛；下面黄绿色，脉腋常具髯毛；侧脉每边4或5条，在上面明显下陷；网脉明显，亦下陷；叶柄短，长2～3mm，密被黄褐色短柔毛；托叶钻状，近与叶柄等长，宿存。花杂性，常2或3个簇生于叶腋；花梗被褐色微柔毛；核果近球形，直径4mm，成熟时紫红色，具2或3个分核，各有1粒种子；果梗长2～3mm。种子背面具上窄下宽的纵长沟。花期5月；果期8月。

生于海拔850m石灰岩山地林下。

地理分布

分布于贵州省荔波县。在茂兰国家级自然保护区分布于凉水井、洞多、莫干、洞化等，有3500～5000株。

种群与群落特征

群落类型为乌冈栎-荔波鹅耳枥林，其他主要树种有总状山矾*Symplocos botryantha*、化香树、清香木、岩生翠柏、独山石楠、贵州悬竹等，草本主要有翠云草、石韦、灰岩生薹草*Carex calcicola*等。

生存状态

种群数量相对较大，种群生存状态健康。

扩繁技术

未见对该种人工繁育技术的相关报道。

19. 岩生鼠李

Rhamnus saxicola X. H. Song et N. H. Xia

主要形态识别特征及生境

落叶小乔木，全株无毛，树皮深灰色，光滑不裂。小枝通常互生，有时近对生，有稀疏细小的皮孔。叶互生或近对生，纸质，通常披针形，长6～9cm，宽1.3～1.8cm，先端渐尖，基部窄楔形，边缘具细锯齿；中脉在上面凹下，侧脉8～10对，弧曲；叶柄长5～6mm。花黄绿色，花萼4裂，裂片窄卵状三角形，花瓣极小，雄蕊4枚，与花瓣对生，子房近球形；花梗纤细。果倒卵状球形，直径约5mm，具3或4分核，果梗长达1.5cm。种子倒卵状椭圆形，背部具与种子近等长的沟。花期4～5月；果期6～8月。

生于石灰岩山地海拔800～1000m的山脊及山上部。

地理分布

分布于贵州省荔波县。在茂兰国家级自然保护区分布于莫干、高峰、洞塘。凭证标本：蓝开敏，84003号（国家标本平台）。本次调查未见。

来源于“国家标本平台”

20. 石山胡颓子
Elaeagnus calcarea Z. R. Xu

主要形态识别特征及生境

半常绿直立小灌木，无刺。幼枝密被锈色具柄星状毛，老枝毛脱落。叶纸质，椭圆形，长6～9cm，宽3.0～3.5cm，基部宽楔形至近圆形，顶端渐尖，全缘；上面幼时具白色具柄星状柔毛，老时无毛，下面幼时密被锈色具长柄星状毛和白色鳞片，老叶背面鳞片脱落，密被锈色具长柄星状毛，叶脉上尤其显著；侧脉6或7对，连同主脉在上面微凹陷，在下面明显隆起；叶柄长6～8mm，被锈色具柄星状毛。花极香，7～10朵簇生于一短枝上，呈伞形总状花序；花梗长约2mm，密被锈色鳞片；花萼长约8mm，外面密被锈色或银白色鳞片，里面光滑秃净；萼筒近筒状，明显四棱形，萼裂片三角形，顶端渐尖。果未见。花期4月。

本种与多毛羊奶子*E. grijsii*近缘，但每一短枝具7～10朵花，萼筒近筒状，明显四棱形，外面被鳞片，不被星毛，内面无毛，极易与后者区别。

零星生长于石灰岩山地海拔800～900m的林中。

地理分布

主要分布于贵州省荔波县，在茂兰国家级自然保护区分布于凉水井、洞羊山、加别，有12 000～15 000株。

种群与群落特征

种群数量较多。群落类型为青冈-黄梨木林，其他主要树种有掌叶木、腺叶山矾、伞花木、大叶土蜜树*Bridelia retusa*、青冈、化香树、岩柿、九里香、中华野独活等，草本主要有翠云草、狭翅巢蕨、冷水花等。

生存状态

本种在保护区分布广，种群与群落健康。

扩繁技术

未见对该种人工繁育技术的相关报道。

21. 荔波胡颓子
Elaeagnus lipoensis Z. R. Xu

主要形态识别特征及生境

常绿攀缘灌木，无刺。枝黑褐色，小枝长刺状。叶纸质，长椭圆形或披针形，长3.0～4.5cm，宽0.5～1.2cm，顶端长渐尖，基部宽楔形；上面秃净，淡黄绿色，下面具密集银白色鳞片和少数棕色鳞片；侧脉约6对，在上面微可见，在下面不显。花下垂，密被棕色和白色鳞片，花5～7朵密生于叶腋短小枝上，呈伞形总状花序；花梗棕色；萼筒钟形，在裂片下面扩展，向基部渐窄狭，在子房上不明显收缩；裂片宽卵形，顶端急尖，内面具白色星状柔毛；包围子房的萼筒椭圆形。

花期12月至翌年1月。

本种与蔓胡颓子*Elaeagnus glabra*近缘，但叶子小形，下面具密集银白色鳞片和少数棕色鳞片。

生于海拔700～850m的石灰岩山地灌丛中。

地理分布

产于贵州荔波茂兰国家级自然保护区的凉水井、洞常、必格。

种群与群落特征

种群数量少。群落类型为青冈-黄梨木林，其他主要树种有掌叶木、腺叶山矾、伞花木、大叶土蜜树、青冈、化香树、岩柿、九里香、中华野独活等，草本主要有翠云草、狭翅巢蕨、冷水花等。

生存状态

本种分布区狭窄，资源量少，约600株。种群健康状况欠佳。

扩繁技术

未见对该种人工繁育技术的相关报道。

22. 之形柱胡颓子

Elaeagnus s-stylata Z. R. Xu

主要形态识别特征及生境

常绿蔓状灌木。无刺，幼枝密被红棕色鳞片，老枝变褐色。芽红棕色。叶2列平展，革质，微倒卵形，长7～11cm，宽2.5～3.5cm，顶端突尖或钝，基部楔形，边缘微反卷；上面秃净，黄绿色；下面密被白色鳞片，再覆以密集的红棕色鳞片，呈明显红棕色，在叶脉尤其显著；侧脉7～9对，上面微显，下面显著隆起；叶柄长1cm，红棕色。花淡白色，被锈色鳞片，常3～5朵花簇生于叶腋成短小总状花序；萼筒圆筒形，微具4肋，在子房上骤收缩，内面秃净；裂片卵状三角形，内面被星毛和鳞片；包围子房的萼管椭圆形，密被红棕色鳞片；花柱弯曲成“S”形，被星毛，柱头弯曲。花期9～10月。

本种近于披针叶胡颓子*Elaeagnus lanceolata*，但叶片倒卵形，先端稍钝，基部楔形，叶背密被红棕色鳞片。花柱弯曲呈“之”形，极易区别。

生于海拔750～850m的石灰岩山林下。

地理分布

产于贵州荔波茂兰国家级自然保护区凉水井（1983年12月，许兆然 L1277；1984年4月，许兆然 LE609、L1734）。本次调查未见。

之形柱胡颓子（谢庆健绘）

1. 花枝；2. 花纵切

23. 荔波花椒

Zanthoxylum liboense C. C. Huang

主要形态识别特征及生境

灌木或攀缘藤本。小枝及叶轴有颇多弯钩短刺，二年生枝褐黑色，有细纵皱纹且被短毛。叶轴浑圆，与花序轴及小叶柄同被短柔毛；有小叶5～9枚；小叶近对生或互生，薄革质，全缘，卵形或椭圆形，长6～8cm，宽2.5～3.5cm，基部圆，顶部渐尖或短突尖，两侧对称，叶背被短毛，中脉在叶面平坦，或上半段微凹陷，被微柔毛，侧脉每边10～13条；小叶柄长2～5mm。花未见。果序腋生，长3～4cm，果序轴比叶柄纤细；果梗长6～10mm；每果由4个分果爿组成，幼嫩时密被短柔毛，成熟时毛较稀疏，单个分果爿径7～8mm，油点不甚明显，顶侧的芒尖长1.0～1.5mm，干后暗褐黑色；种子径5～6mm。果期8～9月。

生于海拔730m山谷荫蔽林下或灌木丛中。

地理分布

产于贵州荔波茂兰国家级自然保护区洞塘（模式标本产地）、三中，数量极少，仅见7株。

种群与群落特征

种群数量较少。群落类型为青冈-化香树林，其他主要树种有光皮梾木、伞花木、大叶土蜜树、枫香树、岩柿、九里香、中华野独活等，草本主要有莎草、翠云草、过路黄*Lysimachia christiniae*等。

生存状态

种群数量极少，分布于路边，易受人为活动或放牧破坏，种群不健康。

扩繁技术

未见对该种人工繁育技术的相关报道。

24. 天峨槭
Acer wangchii W. P. Fang

主要形态识别特征及生境

常绿乔木。树皮粗糙，深褐色。小枝细瘦，常4或5枝生于小枝顶端，具淡黄色椭圆形皮孔。叶革质，披针形或长圆披针形，长9～11cm，宽2～3cm，基部阔楔形，先端渐尖，尖头长1.0～1.5cm，常稍弯曲，边缘全缘或稍呈浅波状，上面干后淡绿色，下面略被白粉，主脉在上面稍下凹，在下面显著，侧脉13～15对，稍向上弯曲，未达叶的边缘以前即隐匿不现，叶柄紫绿色，无毛，长1.5～2.0cm。果序伞房状，顶生，长4cm，被很密的淡黄色绒毛，果梗粗壮，长1.2～1.5cm，紫色，被淡黄色绒毛，小坚果紫色，特别凸起，长8～9mm，宽6mm，翅镰刀形，宽1.0～1.2cm，张开成锐角。花期不明；果期9月。

生于海拔880～1000m的石灰岩山地阔叶林中。

地理分布

产自广西北部、贵州南部。模式标本采自天峨、南丹两县。在茂兰国家级自然保护区分布于凉水井、洞多、加别、三岔河、洞腮等地，有5500～6000株。

种群与群落特征

群落类型主要为青冈-化香树林；群落内其他植物主要有多脉榆、圆叶乌桕、伞花木、复羽叶栾树、贵州石楠、岩柿、中华野独活、瓦韦、莎草等。

生存状态

种群数量适中，年龄结构基本合理，种群与群落健康。

扩繁技术

目前未见对该种人工繁育技术的相关报道。

25. 五叶漆

Toxicodendron quinquefoliolatum Q. H. Chen

主要形态识别特征及生境

落叶灌木。枝灰褐色，无毛，当年生小枝紫红色，被白粉，基部有黄褐色柔毛，顶芽外密被柔毛。奇数羽状复叶，有小叶5枚，叶柄纤细，与叶轴均具狭翅，有稀少柔毛；小叶对生，膜质，卵状披针形，长6～10cm，宽2.0～3.5cm，先端渐尖，多少弯曲，基部宽楔形或近圆形，歪斜，边全缘，上面淡绿色，无毛，下面黄绿色，略带砖红色，无毛或中脉稍被柔毛，侧脉14～18对，两面稍隆起，小叶无柄，顶生小叶基部渐狭成翅状柄。圆锥花序腋生，长5～12cm，比叶短，无毛，花序梗长2.5～4.5cm，纤细，苞片披针形，萼片5枚，宽卵形，花瓣5片，长圆形。

生于海拔960m的石灰岩山脊。本种与产于云南的石山漆*T. calcicola*近缘，但叶具小叶5枚，叶柄与叶轴有狭翅，有稀少柔毛，小叶下面中脉有稀疏柔毛，顶生小叶基部渐狭成翅状柄，易与石山漆区别。

地理分布

分布于荔波县茂兰国家级自然保护区莫干、马道，有16株。

种群与群落特征

种群数量较少。群落类型为乌冈栎-荔波鹅耳枥林，其他主要树种有总状山矾、化香树、清香木、岩生翠柏、华南五针松、贵州悬竹、菝葜等，草本主要有翠云草、石韦等。

生存状态

种群数量少，长势较弱，种群不健康。

扩繁技术

未见对该种人工繁育技术的相关报道。

26. 荔波杜鹃
Rhododendron liboense Z. R. Chen et K. M. Lan

主要形态识别特征及生境

常绿小乔木。树皮红褐色。幼枝粗壮，直立，淡绿色，无毛；老枝褐色，有明显叶痕。叶革质，长圆状披针形，长10～15cm，宽1.6～2.8cm，先端突渐尖，基部楔形，上面绿色，下面灰绿色，无毛，中脉在上面凹下，下面凸起，侧脉11～14对；叶柄圆柱形，长1.7～2.0cm，无毛。总状花序顶生，有花7～9朵，花序轴长1～3cm，无毛；花梗长2.1～3.7cm，淡绿色，无

毛；花萼短，紫色，长仅1～2cm；花冠较大，直径约8cm，裂片6；雄蕊15枚，花丝白色，无毛；子房通体被白色短柄腺体。蒴果长2.2～3.0cm，长圆柱形，暗绿色，花苞脱落。花期4～5月；果期9～10月。

地理分布

荔波杜鹃仅分布于茂兰国家级自然保护区洞化山（海拔634m）和西竹后山（海拔810m）及水尧洞立（海拔780m），总株数仅为106株。杜鹃花科植物大多分布在常态地貌的酸性土壤上，在石灰岩地区的种类，特别像本种一样为乔木的杜鹃花科种类极为稀少，且分布范围极为狭窄。

种群与群落特征

该种在洞化山山顶形成群落，并占优势地位，在西竹后山及水尧洞立为散生。着生土壤为石灰土。该种分布地小生境较为特殊，一般情况下茂兰喀斯特森林区山顶岩石裸露率高达100%，但该种分布的洞化山

山顶岩面裸露率仅占5%，几乎全为土面；西竹后山和茂兰普通山顶相似，岩石裸露率高达95%。3个地点的伴生树种相似，均有伴生植物荔波鹅耳枥、狭叶含笑、红豆杉、岩生翠柏、华南五针松、化香树、圆叶乌桕、青冈、齿叶黄皮、球核荚蒾、卵果海桐*Pittosporum ovoideum*、贵州悬竹、火棘、白毛鸡矢藤、硬叶兜兰、长梗薹草等。

生存状态

种群与群落健康，但种群数量较少。

扩繁技术

目前仅贵州民族大学开始研究其种群扩繁及回归技术，采用种子育苗及组培技术已陆续成功将苗木进行回归种植。

27. 总状桂花

Osmanthus racemosus X. H. Song

主要形态识别特征及生境

常绿乔木。小枝灰色，具稀疏皮孔。叶厚革质，宽椭圆形或矩圆状宽椭圆形，长15～20cm，宽7～9cm，先端骤尖，基部楔形，叶缘上部有稀疏锯齿或全缘；侧脉7～9对，连同中脉在上面凹下，下面强烈隆起，小脉两面不明显；叶柄粗壮，长2cm，基部膨大。总状花序腋生，长约1cm，苞片卵状三角形，无毛；花萼钟状，裂片三角形，无毛。花冠筒长2mm，4裂，矩圆状卵形，先端钝；雄蕊2枚，着生于花冠筒的中部。果矩圆状椭圆形，长3cm，径1.5cm。

本种与平顶桂花*Osmanthus corymbosus*近缘，但叶片较大，花序为总状花序，花梗长2mm，雄蕊2枚，着生于花冠筒的中部而不同。

生于石灰岩山地海拔700m的常绿落叶阔叶林中。

地理分布

分布于茂兰国家级自然保护区高望及小七孔，有8株。

种群与群落特征

种群数量极少。群落类型为青冈-任豆林，其他主要树种有腺叶山矾、光皮梾木、掌叶木、香叶树、黔南厚壳桂、大叶土蜜树、黄梨木、岩柿、九里香、中华野独活等，草本主要有莎草、翠云草、过路黄等。

生存状态

种群数量极少，调查未见开花结实，自身繁殖困难，种群极不健康。

扩繁技术

未见对该种人工繁育技术的相关报道。

28. 多苞纤冠藤

Gongronema multibracteolatum P. T. Li et X. Ming Wang

主要形态识别特征及生境

藤状灌木。除叶和花冠无毛外，均被短柔毛。茎和枝条灰黑色。叶片纸质，倒卵形或椭圆形，长5～7cm，宽1.5～3.0cm，顶端钝或短渐尖，基部圆形，上面绿色，下面浅绿色，中脉上面扁平或稍凹陷，下面凸起，被短柔毛，侧脉每边4或5条，弯拱上升至叶缘前网结，叶柄长5～10mm，腹面具沟，顶端具3个钻状腺体。聚伞花序，着花12～16朵，花序梗长4mm，花梗基部密生许多小苞片，花萼5裂，近圆形，雄蕊5枚；子房长卵形，无毛；花柱极短，胚珠每室多粒。

生于海拔670m的石灰岩丘陵山地林缘。

地理分布

记载产于贵州荔波茂兰国家级自然保护区立化高望（1983年，王雪明，348号）。本次调查未见。

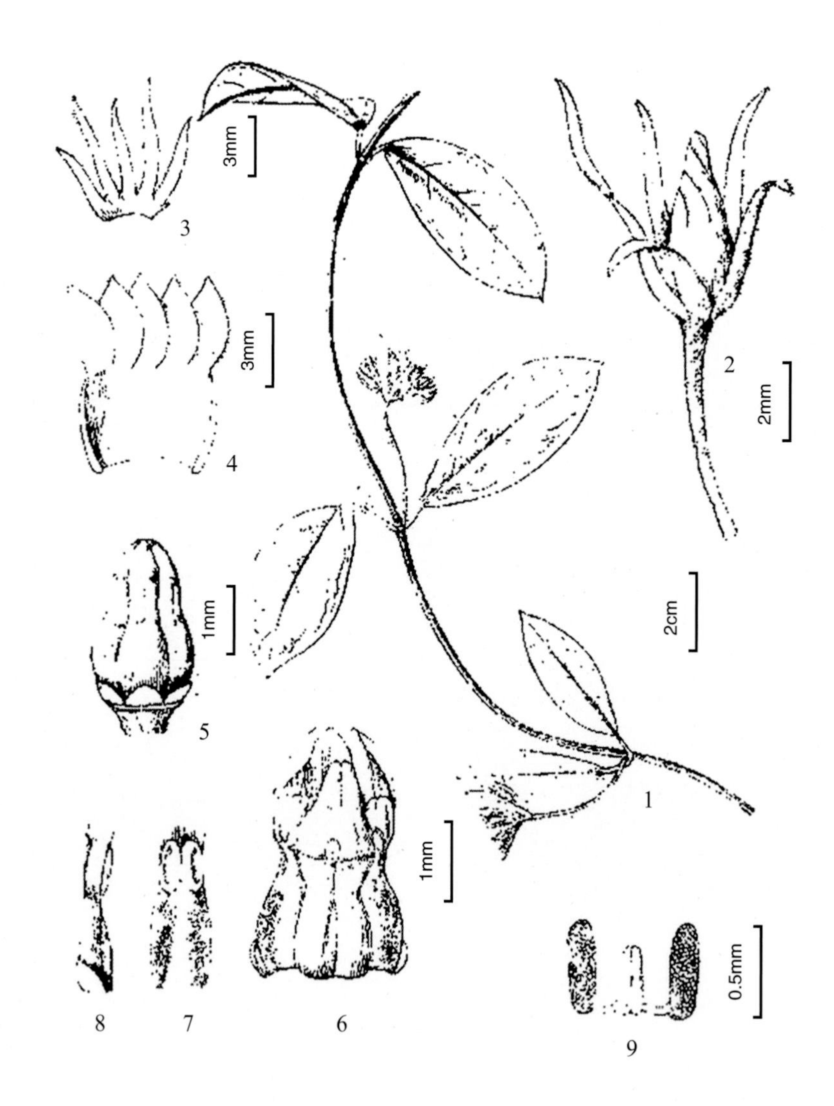

多苞纤冠藤（黄少容绘）

1. 花枝；2. 花；3. 花萼展开，示腺体；4. 花冠展开；5. 合蕊柱和副花冠；6. 雄蕊和雌蕊；7. 雄蕊的腹面观；8. 雄蕊的侧面观；9. 花粉器

29. 荔波球兰
Hoya lipoensis P. T. Li et Z. R. Xu

主要形态识别特征及生境

攀附灌木。茎、枝、叶均无毛。叶长椭圆形，长9～15cm，宽3～5cm，先端尾尖，有长1.5cm的尖头，基部楔形，两侧不对称，中脉上面平；侧脉每边10～12条，表面明显，背面不明显；叶柄长约1cm。聚伞花序腋生，花序梗长约2.5cm，花梗长约2cm。蓇葖果线形，长约15cm，直径约4cm。种子扁平，长5mm；种毛长约4mm，白色。花期4月；果期6～8月。

生于海拔800m左右的山坡林缘及林下。

地理分布

产于贵州荔波茂兰国家级自然保护区洞腮（模式标本产地）、金狮洞、洞化山、三岔河、板寨等地，有30 000～50 000株。

种群与群落特征

群落类型为青冈-任豆林，其他主要树种有光皮梾木、伞花木、香叶树、大叶土蜜树、黄梨木、九里香等，草本主要有莎草、翠云草等。

生存状态

种群数量适中，长势较好，自然条件下能正常繁殖更新，种群与群落健康。

扩繁技术

未见对该种人工繁育技术的相关报道。

30. 短毛唇柱苣苔

Chirita brachytricha W. T. Wang et D. Y. Chen

主要形态识别特征及生境

多年生草本，具根状茎。叶约3对，无柄或具短柄，叶片纸质，两侧稍不相等，宽卵形，长2～8cm，宽2～7cm，顶端圆形，基部斜圆形、截状圆形或宽楔形，边缘有浅钝齿或浅波状，两面疏被短柔毛，侧脉每边约4条，平，叶柄长2.5cm，扁平，宽0.9～1.3cm。花序约4条，长1.5～2.5cm，二回分枝，每花序有3～6朵花，花序梗长7～9cm，密被紫色短柔毛，苞片对生，线形或线状卵形，花萼5裂，达基部，花冠紫色，长约3.2cm，外面被短柔毛，内面檐部有短柔毛，筒长2cm，口部直径1cm；上唇长7mm，2裂近基部，上唇长约1.1cm，3裂近中部，裂片狭卵形。花期5月。

生于海拔500m的低山林下潮湿岩缝中。

地理分布

主要分布在贵州荔波、广西环江。在茂兰国家级自然保护区分布于莫干、尧兰，约8000株。

种群与群落特征

群落类型为青冈-光皮梾木林，其他主要树种有黄梨木、大叶土蜜树、任豆、化香树、香叶树、复羽叶栾树、掌叶木、中华野独活、九里香等，草本主要有莎草、翠云草、楼梯草。

生存状态

种群数量较大，更新正常，外界干扰小，种群与群落健康。

扩繁技术

目前未见对该种人工繁育技术的相关报道。贵州省植物园引种种植长势正常。

31. 大苞短毛唇柱苣苔

Chirita brachytricha var. **magnibracteata** W. T. Wang et D. Y. Chen

主要形态识别特征及生境

本种叶较大，长达15cm，宽达12cm，顶端钝。花序苞片较大，长达1.8cm，宽6mm，萼裂片较狭，外面被白色柔毛，与原变种短毛唇柱苣苔不同。

生于海拔740m的山谷林下石上。

地理分布

产于贵州荔波，在茂兰国家级自然保护区分布于吉纳，有600～800株。

种群与群落特征

种群数量少。群落类型为青冈-光皮桦木林，其他主要树种有黄梨木、大叶土蜜树、任豆、化香树、香叶树、复羽叶栾树、掌叶木、中华野独活、九里香等，草本主要有莎草、翠云草、楼梯草等。

生存状态

种群数量大，无危，种群与群落健康。

扩繁技术

未见对该种人工繁育技术的相关报道。贵州省植物园有少量引种栽培，长势良好，但未进行扩繁等相关试验研究。

32. 少毛唇柱苣苔

Chirita glabrescens W. T. Wang et D. Y. Chen

主要形态识别特征及生境

多年生草本。根状茎圆柱形。叶基生，叶片纸质，长圆形，长4～12cm，宽1.9～3.5cm，顶端微钝，基部斜楔形，边缘浅波状或全缘，上面近无毛，只近缘处被短柔毛，下面疏被贴伏短柔毛，侧脉每边3～5条，不明显；叶柄长0.5～5cm，扁，宽3.5～4.5mm，疏被短柔毛。花序约3条，1～3回分枝，每花序有3～11朵花；花序梗、苞片、花梗、花萼均被紫色短柔毛，花冠紫色，长约2.8cm，疏被短柔毛；雄蕊花丝中部以下膝状弯曲，向上渐变狭，边缘疏被短腺毛，雌蕊长约2.3cm，子房线形，密被短柔毛。花期5月；果期9月。

生于海拔850m的山谷林下阴处石上。

地理分布

记载分布于茂兰国家级自然保护区莫干，本次调查未见。标本引证：国家标本平台（陈德媛、晁兵，1984年5月4日，688号）。

33. 荔波唇柱苣苔

Chirita liboensis W. T. Wang et D. Y. Chen

主要形态识别特征及生境

多年生草本。根状茎短。叶约7枚，基生，具短或长柄；叶片干时革质或薄革质，椭圆形，长4～10cm，宽2.0～4.5cm，顶端微尖，基部斜楔形或宽楔形，边缘全缘或浅波状，两面疏被短柔毛；叶柄长1.0～4.5cm，扁，宽1.5～5.0mm，被短伏毛。花序约2条，长3.5～4.5cm，二回分枝，每花序有7～11朵花；花序梗长12cm，被紫色短柔毛；苞片对生，线状卵形，被短柔毛；花梗长0.15～1.50cm。花萼5裂，达基部，裂片披针状线形。花冠蓝紫色，长约2.7cm，外面上部及内面檐部被短柔毛；花筒漏斗状筒形，长约1.7cm；上唇长4mm，2深裂，下唇长10mm，3裂至中部。雄蕊花丝着生于花冠中下部，长10mm，中部之下稍膝状弯曲，上部被短腺毛，花药长3.8mm，背面疏被髯毛；退化雄

蕊2枚，条形。花盘环状，高1mm。雌蕊长1.9cm，子房线形，长1.3cm，宽1.2mm，被短柔毛，花柱被短腺毛，柱头长约1.5mm，宽1mm，2浅裂，裂片三角形。花期5月；果期9～10月。

生于海拔400m的低山林下阴处石上。

地理分布

产自贵州荔波、广西环江。分布于茂兰国家级自然保护区凉水井、莫干、洞多、三岔河等地，有20 000～30 000株。

种群与群落特征

群落类型为青冈-光皮梾木林，其他主要树种有黄梨木、大叶土蜜树、任豆、化香树、香叶树、复羽叶栾树、掌叶木、中华野独活、九里香等，草本主要有莎草、翠云草、楼梯草。

生存状态

种群数量较多，自身繁殖更新能力较强，种群与群落健康。

扩繁技术

采用叶插法，采集成年母株叶片，叶片经横向和纵向切割，用浓度为0.1～0.2mg/L萘乙酸或ABT生根粉浸泡，扦插基质为珍珠岩或珍珠岩-黄心土均可，为了更好地控制温度、湿度，在插床上搭建塑料薄膜拱棚，高约50cm。棚内相对湿度为95%以上，气温为21～28℃，扦插基质温度为21～26℃，光照强度为自然光的1/3～1/2。扦插20天左右开始生根，30～35天后根系可完整生长，生根率高达90%～95%。

34. 桂黔吊石苣苔
Lysionotus aeschynanthoides W. T. Wang

主要形态识别特征及生境

小灌木或亚灌木。叶3枚轮生，同一轮中不等大，无毛，叶片坚纸质，椭圆形，长4～13cm，宽2～6cm，顶端渐尖，基部斜宽楔形，或者一侧楔形、另一侧圆形，边缘全缘或浅波状，侧脉每边4～7条，不明显或稍明显，叶柄长。聚伞花序腋生，一回分枝或二回分枝，有3～8朵花，无毛，花序梗长1～2cm；花冠黄色，长1.7～2.1cm，外面无毛，内面下部被短腺毛；花筒漏斗状筒形，长10～12mm，口部直径6～9mm。蒴果线形，长5～10cm，宽2mm，无毛。种子纺锤形或狭线形，每端各有1根长0.7～1.2mm的毛。花期6～7月；果期10月。

生于海拔800～1000m的石灰岩山地林中，或灌丛中石上，或溪边石上。

地理分布

产自云南东南部、广西西北部和贵州西南部，模式标本采自广西上林。在茂兰国家级自然保护区分布于莫干、洞羊山，有300～350株。

种群与群落特征

群落类型主要为青冈-化香林；群落内其他植物主要有多脉榆、圆叶乌桕、复羽叶栾树、中华野独活、瓦韦、莎草等。

生存状态

种群数量稀少，自然繁殖更新能力弱，种群不健康。

扩繁技术

目前未见对该种人工繁育技术的相关报道。

35. 白花蛛毛苣苔

Paraboea martinii (Levl.) Burtt

主要形态识别特征及生境

多年生草本。根状茎长4.5～6.0cm。茎圆柱形，被灰褐色蛛丝状绵毛。叶对生，具叶柄；叶片狭长圆形，长5.5～14.0cm，宽1.7～4.5cm，顶端钝，基部逐渐下延成柄，近全缘，上面被灰白色蛛丝状绵毛，下面密被淡褐色毡毛，侧脉每边11～14条，在下面明显隆起，叶柄长3～5cm，密被淡褐色毡毛。二歧聚伞花序呈伞房状，顶生或成对腋生，花序梗及花梗均被蛛丝状绵毛，果期变近无毛；花萼5裂至近基部，裂片相等，长圆形，顶端钝，全缘，无毛；花冠白色，长1.1～1.3cm；花筒长5～6mm。花期6～7月；果期10月。

生于海拔400～900m的石灰岩山坡路旁岩石上。

地理分布

产自贵州荔波、罗甸，广西西北部。在茂兰国家级自然保护区分布于莫干、尧所，约1500株。

种群与群落特征

白花蛛毛苣苔所处群落类型主要为樟叶槭-化香树林；群落内其他植物主要有圆叶乌桕、复羽叶栾树、贵州石楠、岩柿、中华野独活、瓦韦、莎草等构成。

生存状态

种群数量稀少，自然更新能力弱，种群不健康。

扩繁技术

目前未见对该种人工繁育技术的相关报道。

36. 三苞蛛毛苣苔

Paraboea tribracteata D. Fang et W. Y. Rao

主要形态识别特征及生境

多年生草本。叶基生，无柄，狭倒披针形，长9～14cm，宽2～3cm，顶端急尖，基部渐狭，边缘有细锯齿，上面初时被蛛丝状毛，下面密被灰白色稀淡褐色毡毛，侧脉每边3或4条。聚伞花序腋生，每花序有花21～26朵，花序梗长12～14cm，无毛或仅基部被绒毛；苞片3，轮生，卵形；花萼5裂，达基部；裂片披针形至长圆形，长3～4mm，具3脉，无毛；花冠红色，长9mm，直径8mm，外面无毛，内面被腺状短柔毛；花筒长5mm，上唇长约3.5mm，2裂，下唇长约4mm，3裂，裂片宽4mm，顶端圆形。花期7月；果期10～11月。

生于海拔600～800m的石灰岩山林下阴处石上。

地理分布

产于贵州荔波、广西环江。在茂兰国家级自然保护区分布于莫干，有6000～10 000株。

种群与群落特征

群落类型为青冈-光皮梾木林，其他主要树种有黄梨木、大叶土蜜树、任豆、化香树、香叶树、复羽叶栾树、掌叶木、中华野独活、九里香等，草本主要有莎草、翠云草、楼梯草等。

生存状态

种群数量较多，更新正常，外界干扰小，种群与群落健康。

扩繁技术

目前未见对该种人工繁育技术的研究报道。

37. 小黄花石山苣苔

Petrocodon luteoflorus Lei Cai et F. Wen

主要形态识别特征及生境

多年生草本，无茎。根茎长8～12cm，直径5～12mm。叶子8～16枚，基生；叶柄长3.5～6.5cm，密被白粉；叶片窄椭圆形或倒披针形，革质至皮质，上面绿色，被贴伏短柔毛，下面沿脉被短柔毛，基部楔形，逐渐渐尖到叶柄，边缘全缘或具小齿，先端渐尖；侧脉4～6条。聚伞花序，花众多，8～25朵或更多；苞片2枚，披针形，两面被短柔毛，边缘全缘，先端钝；花梗长0.8～2.2cm；花萼6～8mm，5裂到基部。花冠具不明显的2唇瓣，淡黄到黄色，长9～11mm，直径4～6mm，外面密被微柔毛，里面无毛；上面裂片2，下面裂片3，所有裂片三角形，大小近相等，长约2mm，基部宽2.5mm。退化雄蕊3枚，长约0.5mm，线形，无毛；雌蕊长约1.5cm，无毛；子房线形，约6mm长；花柱线形，约9mm长；柱头盘状，小，直径0.3～0.5mm。蒴果线形，无毛，长2～3cm。

生于海拔720～900m的林下阴湿处。

地理分布

分布于茂兰国家级自然保护区尧兰、凉水井、洞腮，有1500～2500株。

种群与群落特征

种群数量少，分布零星。群落类型为南酸枣-青冈林、任豆-大叶土蜜树林，其他主要树种有黄梨木、化香树、香叶树、掌叶木、九里香等，草本主要有楼梯草属*Elatostema*、盾叶秋海棠等。

生存状态

种群结实正常，幼苗长势良好，群落所处位置人为活动极少，种群健康。

扩繁技术

贵州省植物园、中国科学院广西植物研究所引种栽培，长势良好，能正常开花结实，但未进行扩繁等相关试验研究。

38. 洪氏马蓝
Strobilanthes hongii Y. F. Deng et F. L. Chen

主要形态识别特征及生境

亚灌木，高达2m。茎近圆柱形或四棱形，分枝四棱形，具沟，幼时被短柔毛，后无毛。两片对生叶不等大，较小的约为较大的一半；叶柄长1～4cm，无毛；叶片卵状椭圆形，大叶长12～25cm，宽4～10cm，小叶长5～10cm，宽1.8～3.5cm，基部楔形，下延。叶尾状渐尖，边缘具锯齿，表面无毛，背面沿脉具柔毛，侧脉6～10对，在两面突出。穗状花序腋生或有时顶生，长6～13cm；花轴具沟槽，被柔毛；花对生在每个节点上。苞片披针形，早落，边缘疏生锯齿，花萼长6～9mm，近基部5裂，裂片线状披针形。花冠蓝紫色，长3.2～3.5cm，略弯曲，向一侧膨出，外面无毛，内部除花柱被毛外，其余无毛。花冠管下部圆柱形，长约8mm，宽3mm，向花冠口部逐渐扩大，口部宽约

1.5cm，5裂片近相等。

生于亚热带石灰岩山地海拔650～750m的林下。

地理分布

分布于贵州省荔波县，在茂兰国家级自然保护区分布于凉水井、莫干、尧兰、板寨，有130 000～150 000株。

种群与群落特征

种群数量较多。群落类型为青冈-光皮桦木林，其他主要树种有黄梨木、化香树、香叶树、复羽叶栾树、掌叶木、中华野独活、九里香等，草本主要有莎草、翠云草、楼梯草等。

生存状态

本种在茂兰国家级自然保护区分布广，种群数量较多，种群与群落均较健康，处于无危状态。

扩繁技术

未见对该种人工繁育技术的相关报道。

39. 岩生鼠尾草

Salvia petrophila G. X. Hu, E. D. Liu et Yan Liu

主要形态识别特征及生境

多年生草本，主根粗壮。茎直立，高10～40cm，密被绒毛。叶均基生，无茎生叶。叶柄长3～10cm，叶质地略厚实，长圆形至椭圆形，长3～11cm，宽2～4cm，上面绿色，无毛，叶背紫色，无毛或仅叶脉上有短毛。叶基偏斜或楔形，边缘波状或具不明显的圆齿，先端圆或钝。总状花序密被腺毛；苞片披针形或卵形，密被短柔毛，长达1.0cm，小苞片形态与苞片相同，但更小；花梗长1.0～1.3cm，被腺毛；花萼钟状；花冠粉红色，二唇形，长2.8～3.3cm，密被腺毛，花冠筒为花萼的2倍，里面有毛环，上唇长1.2～1.5cm，镰刀状，先端微凹。下唇3裂，长0.6～0.8cm，中部裂片

椭圆形，全缘，长0.4cm，宽0.2cm，两侧裂片圆形，长0.1cm，宽0.2cm。能育雄蕊2枚；药隔长1.2～1.8cm，弧状，退化雄蕊2枚，长约0.1cm；花柱长而纤细，伸出花冠上唇约1cm，柱头两分叉，不等大。小坚果卵形，黑色，无毛，直径约0.2cm。花期4～5月；果期5～6月。

生于石灰岩山地海拔780～900m的山体上部。

地理分布

分布于贵州荔波、广西环江。在茂兰国家级自然保护区分布于凉水井，约350株。

种群与群落特征

群落类型为乌冈栎-荔波鹅耳枥林，其他主要树种有总状山矾、化香树、清香木、岩生翠柏、华南五针松、贵州悬竹、菝葜*Smilax china*等，草本主要有翠云草、石韦、灰岩生薹草等。

生存状态

种群数量较少，生境条件恶劣，种群不健康。

扩繁技术

目前未见对该种人工繁育技术研究的报道。

40. 荔波蜘蛛抱蛋

Aspidistra liboensis S. Z. He et J. Y. Wu

主要形态识别特征及生境

多年生草本。匍匐茎，近圆柱形，直径5～7mm，茎上附着鳞片与多数侧根。紫色叶鞘2或3，长5～8cm；叶基部有黄白色的斑纹，叶大小为（12～22）cm×（7～10）cm，边缘不对称；叶柄坚硬，长16～22cm，近轴面有沟槽。花序梗长1.5～4.5cm；苞片3～5，略呈紫红色，多数为卵形。花1朵，花瓣多数钟状，长3.5～4.5cm，肉质，尖端有8～10个浅裂；裂片间相互重叠，近直立，外部略为紫色，内部略为黄色或紫色，裂片光滑，卵状披针形，长2.0～2.5cm，基部宽1.3～1.8cm；雄蕊8～10枚，近无柄；花药卵形，表面具芽；雌蕊长6～7mm；子房不显著，4或5室，每室胚珠2粒；花柱短而粗，长2.0～2.5mm，直径5～6mm；柱头圆盘形，直径2.5～3.2cm，边缘向上弯曲。浆果球形，直径1.5～2.2cm，表面粗糙，具有疣状凸起。花期2～3月；果期4～6月。

生于亚热带喀斯特森林海拔500～700m的林下阴湿处。

地理分布

分布于贵州荔波，在茂兰国家级自然保护区分布于凉水井、莫干等地，有100～150株。

种群与群落特征

种群数量较少。群落类型为楝木-香叶树林，其他主要树种有黄梨木、大叶土蜜树、任豆、云贵鹅耳枥、掌叶木、中华野独活、九里香等，草本主要有莎草、翠云草、楼梯草等。

生存状态

种群数量较少，人为干扰较小，种群与群落基本健康。

扩繁技术

未见对该种人工繁育技术的相关报道。

41. 贵州悬竹

Ampelocalamus calcareus C. D. Chu et C. S. Chao

主要形态识别特征及生境

竿圆柱形，高达1.5m，径4～5mm，直立，但上部下挂。节间长8～18cm，上部有脱落性柔毛，竿节稍隆起，每节具多数分枝，枝长50～100cm，径约2mm。箨鞘宿存，短于节间，背面稍具斑点，密被白色易落的柔毛，边缘有白色纤毛；箨耳小，新月形，向外开展，耳缘有长约1cm的缝毛；箨舌很短，顶端有白色纤毛，毛长0.7～1.0cm；箨片卵状披针形或披针形，绿色，外翻。末级小枝具2～4片叶，叶鞘无毛，有光泽，边缘有纤毛，叶耳向外张开，耳缘有长5～7mm的放射状缝毛，叶舌短，顶端具白色长纤毛，叶片近革质，长圆状披针形，长7～20cm，宽1.2～3.0cm，无毛，下表面近粉绿色，有4～7对不明显的次脉。笋期4月。

生于海拔500～900m的阔叶林中、林缘或石灰岩山地。

地理分布

特产于贵州荔波、广西环江。模式标本采自贵州荔波高望。保护区中分布于各管理站管理范围内。

种群与群落特征

群落类型主要为青冈-化香树林；群落内其他植物主要有掌叶木、伞花木、化香树、圆叶乌桕、复羽叶栾树、贵州石楠、岩柿、中华野独活、瓦韦、莎草等。

生存状态

种群结构合理，数量多，分布广。种群与群落健康。

扩繁技术

目前未见对该种人工繁育技术研究的报道。

42. 水单竹

Bambusa papillata (Q. H. Dai) Q. H. Dai

主要形态识别特征及生境

竿近直立，顶端俯垂，通常高达3～6m。节间圆柱形，长30～60cm，直径2～4cm，被稍密集的疣基针状刺毛，此毛脱落后在节间表面还留有乳突状小疣点，节下方有白粉环，竿壁厚2～3mm。箨环初时密被向下的糙毛，竿环平滑，分枝多数簇生于各节，各枝近相等；箨鞘长圆形，顶端宽，极凹陷，一肩高耸，致两边很不对称，背面贴生疣基小刺毛，并被有白粉；箨耳窄，不延伸，鞘口缝毛稀少，纤弱；箨舌高仅1mm，边缘齿裂；箨片直立，披针形，基部向内收窄，呈倒心形或圆形，背面无毛，腹面粗糙；末级小枝通常具6～10片叶，叶鞘背面被有稀疏易落的小刺毛，叶耳存在或甚微小，鞘口缝毛细弱，密集，长8～12mm，叶舌极短，边缘齿裂，具纤毛，叶片长8～19cm，宽1.0～1.5cm，披针形，两面无毛。花枝未见。

生于石灰岩山地海拔500m的水边。

地理分布

分布于贵州荔波及广西环江。模式标本采自南宁市郊广西林业科学研究所（现为广西壮族自治区林业科学研究院）竹园。资料记载在茂兰国家级自然保护区分布于三岔河。本次调查未发现。

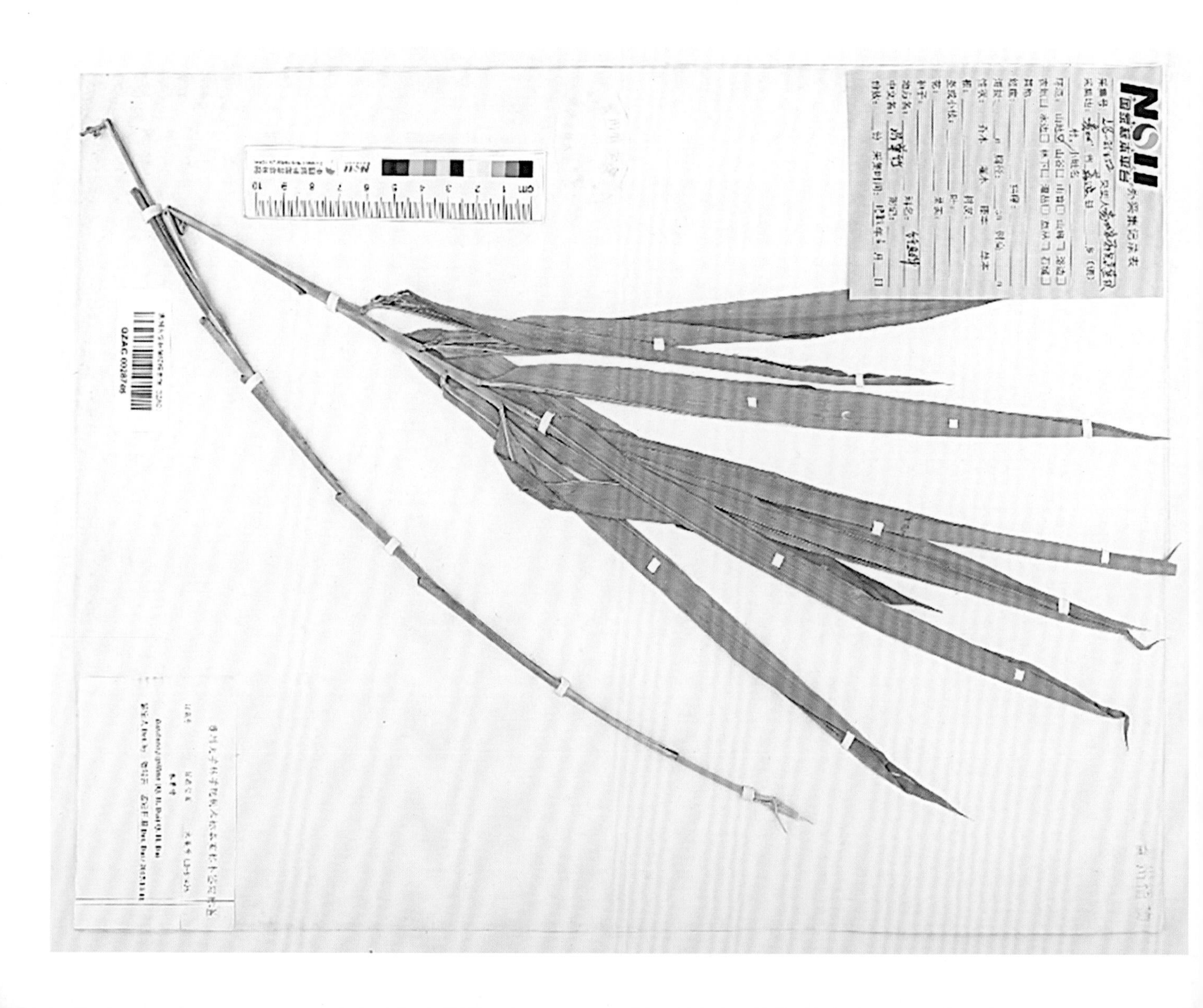

43. 荔波吊竹

Dendrocalamus liboensis Hsueh et D. Z. Li

主要形态识别特征及生境

秆高12～15m，直径6～9cm，梢端下垂。节间长32～36cm，幼时密被淡褐色小刺毛和白粉，秆壁厚8.0～13.5mm；节内长6～8mm，在其间及各节下方均具一圈绒毛环；分枝始于秆的第六或七节，秆每节生多枝，主枝1条，发达，长3～5m。箨鞘早落性，革质，背部贴生棕黑色刺毛，先端鞘口宽3～5cm；箨耳波状皱缩，宽2mm，其上具长0.5～1.0cm的缝毛；箨舌高2～3mm，先端具流苏状长缝毛；后者长1.5～2.0cm；箨片外翻，长12cm，宽1.5cm，腹面被小刺毛，基部向内收窄，其宽度为箨鞘口部宽的1/3。末级小枝具3～9片叶；叶鞘无毛；叶耳无；叶舌高1mm；叶片的大小有变化，其长在8～40cm、宽在1.5～8.5cm之间变化，次脉6～14对。

常分布于炎热潮湿的环境。本种外形颇似黔竹*D. tsiangi*，但本种竿型较大（高12～15m，直径6～9cm），节间幼时密被小刺毛以及白粉，竿壁较厚，箨耳和箨舌两者均具繸毛，其长分别为0.5～1.0cm与1.5～2.0cm，可以区别。

地理分布

分布于高望一带，海拔600～700m，调查未见有成片分布，主要为零星分布状态。

种群与群落特征

样丛显示，植株平均高为7.56m，平均胸径为5.46cm，平均枝下高为1.21m；当年生竹占56%，一年生、二年生和三年生分别占12%、12%、13.6%。

主要伴生植物：木本植物有盐麸木、黑壳楠、八角枫、构树、枳椇、枇杷*Eriobotrya japonica*、苎麻*Boehmeria nivea*、地锦等，草本植物有莩草、麦冬等。

生存状态

分布范围狭窄，种群数量少，年龄结构为增长型。

扩繁技术

未见对该种人工繁育技术的相关报道。

44. 抽筒竹

Gelidocalamus tessellatus Wen et C. C. Chang

主要形态识别特征及生境

秆高2～3m，粗约1cm，幼秆绿带紫色，密被白色绒毛，尤以节下方为甚，老秆被有稀疏硬毛。节间长20～48cm，最长可达65cm，中空，圆柱形，在分枝一侧的近基部扁平。秆环稍隆起。节内长4～7mm。秆每节分3～12枝，枝均纤细，具2或3节，不再分枝，枝箨近宿存。秆箨宿存；箨鞘革质，背部疏生短刺毛，近基部处被淡黄色绒毛，并有紫褐色方形小块斑，边缘具纤毛，先端有白色绒毛；无箨耳，偶有少数直立的繸毛；箨舌低拱形，表面被细柔毛，先端有纤毛；箨片锥状，具尖锐头。每枝仅具1片叶；叶片阔披针形，长19～23cm，宽2～3cm。大型圆锥花序顶生，长13～20cm，花序下部分枝平展；小穗绿色，长6～10mm，具3～5朵小花；小穗柄长5～7mm，纤细；

小穗轴被细柔毛；颖2片，第一颖长2mm，仅具1中脉，第二颖长4mm，具5脉；外稃长4mm，具7脉；内稃与外稃等长，背部具2脊，无脉；鳞被卵状，无脉纹；花柱2。笋期7～10月。

生于海拔400m的石灰岩低海拔山地，多生于林下。

地理分布

产自贵州荔波。分布于茂兰国家级自然保护区三岔河，有1500～2000株。

种群与群落特征

种群数量少。群落类型为青冈-檵木林；其他主要树种有狭叶润楠、斜叶榕*Ficus tinctoria* subsp. *gibbosa*、大叶土蜜树、香叶树、翅荚香槐、五棱苦丁茶*Ilex pentagona*、杖藤*Calamus rhabdocladus*、中华野独活、九里香等，草本主要有莎草、翠云草、冷水花等。

生存状态

分布范围狭窄，种群数量少，处于濒危状态。

扩繁技术

未见对该种人工繁育技术的相关报道。

45. 荔波大节竹

Indosasa lipoensis C. D. Chu et K. M. Lan

主要形态识别特征及生境

秆高10m，直径3～4cm，新秆密被短刺毛，无白粉秆，中部节间长30～40cm，秆髓为海绵状。秆环隆起，呈曲膝状。箨环无毛；秆中部每节分3枝，枝环隆起。箨鞘脱落性，背面红褐色或棕褐色，密被簇生状的棕色小刺毛；箨耳发达，两面均被短糙毛，䌷毛开展，放射状，卷曲；箨舌微呈拱形，高2～3mm，先端具短䌷毛；箨片绿色，三角状披针形或窄三角形，直立或开展，两面均疏生小刺毛，边缘下部可作波状皱折，具小锯齿和刺毛。末级小枝具2～4片叶；叶鞘无毛；叶耳小，疏生直立继毛，晚落；叶片披针形或长圆状披针形，长8～15cm，宽1.0～2.3cm，两面均无

毛，两边缘皆有小锯齿，次脉4或5对，小横脉明显。笋期4月。

生于海拔500～750m的石灰岩山区林缘。

地理分布

分布于贵州南部荔波县。在茂兰国家级自然保护区分布于凉水井、拉芽、久伟、洞常、三岔河、蒙寨等地，有15 000～20 000株。

种群与群落特征

荔波大节竹所处群落类型为棶木-黔竹林，其他主要树种有黄梨木、大叶土蜜树、中华野独活、九里香等，草本主要有莎草、翠云草、楼梯草等。

生存状态

种群数量适中，所处群落健康，受人为活动影响不大，种群健康。

扩繁技术

未见对该种人工繁育技术的相关报道。

参考文献

柴娜, 何昊东, 黄小柱. 2016. 南方红豆杉育苗技术[J]. 现代农业科技, (12): 184, 189.

陈会员, 胡梅香, 马晓波, 等. 2020. 香果树扦插育苗技术[J]. 现代农业科技, (16): 113, 116.

邓伦秀, 杨学义. 2015. 贵州木兰科植物[M]. 贵阳: 贵州科技出版社.

丁长春, 夏念和. 2009. 麻栗坡兜兰的无菌播种与快速繁殖[J]. 植物生理学通讯, 45(12): 1201-1202.

董晓东, 李继红, 杨晓霞, 等. 2003. 龙棕有性繁殖的初步研究[J]. 特产研究, 25(1): 13-15.

贵州植物志编辑委员会. 1982. 贵州植物志 第一卷[M]. 贵阳: 贵州人民出版社.

贵州植物志编辑委员会. 1988. 贵州植物志 第八卷[M]. 成都: 四川民族出版社.

贵州植物志编辑委员会. 1989a. 贵州植物志 第四卷[M]. 成都: 四川民族出版社.

贵州植物志编辑委员会. 1989b. 贵州植物志 第七卷[M]. 成都: 四川民族出版社.

贵州植物志编辑委员会. 1990. 贵州植物志 第三卷[M]. 贵阳: 贵州人民出版社.

郭治友. 2009. 濒危植物金毛狗的配子体发育观察及孢子繁殖研究[J]. 种子, 28(5): 67-70.

何华, 杨永红. 2011. 红豆杉茎段组织培养繁育技术[J]. 农业科技与信息, (14): 37-38.

黄钟玉, 黄利斌, 府土根. 2001. 乐昌含笑、深山含笑嫁接育苗试验[J]. 江苏林业科技, 28(6): 19-20.

靳鹏, 宋建文, 王莹, 等. 2016. 香果树繁育与栽培管理技术[J]. 现代农业科技, (4): 171-173.

昆明杨月季园艺有限责任公司. 2006. 清香木繁殖育苗技术[J]. 农村实用技术, (8): 51.

黎平. 2016. 贵州国家保护植物手册[M]. 贵阳: 贵州科技出版社.

李秉滔, 王雪明. 1987. 贵州纤冠藤属一新种[J]. 植物分类学报, 25(6): 476-478.

李福秀, 黎明. 2003. 香木莲扦插繁殖初报[J]. 西南林学院学报, 2(23): 9-12.

李捷, 李锡文. 2006. 中国樟科木姜子属植物纪要[J]. 植物分类与资源学报, 28(2): 103-107.

李仁伟, 张宏达, 杨清培. 2001. 四川被子植物区系特征的初步研究[J]. 云南植物研究, 23(4): 403-414.

李源. 2008. 青檀的繁殖技术[J]. 安徽林业, (6): 35.

梁瑞龙, 周全连, 李娟, 等. 2015. 任豆优质苗培育技术[J]. 广西林业科学, 1(44): 67-70.

廖明, 朱忠荣, 韦小丽, 等. 2005. 珍稀树种伞花木组织培养技术研究[J]. 种子, 24(9): 9-11, 18.

刘燕, 孙超, 祁翔, 等. 2012. 掌叶木扦插繁殖研究[J]. 贵州师范大学学报(自然科学版), 30(6): 16-19.

刘作梅, 叶芳菲, 李小青. 2018. 榉树繁育技术研究进展[J]. 现代农业科技, (20): 127-128.

罗琼, 师二帅, 李娜, 等. 2014. 刺楸育苗技术[J]. 现代农村科技, (13): 47.

农东新, 吴望辉, 蒋日红, 等. 2011. 广西翠柏属(柏科)植物小志[J]. 广西植物, 31(2): 155-159.

潘月芳, 郝海坤, 曹艳云, 等. 2006. 任豆扦插育苗试验[J]. 林业科技开发, 6(20): 65-66.

秦元清, 邹本库. 2011. 红豆杉苗木繁育与营林技术[J]. 特种经济动植物, 14(2): 39-40.

邱明红, 黄丹懋, 史丹妮, 等. 2015. 喜树扦插繁殖技术研究[J]. 热带林业, 43(2): 36-39.

邱全生, 刘旅平. 2015. 半枫荷幼苗培育技术及比较[J]. 南方林业科学, 43(6): 36-38.

邱志敬, 邹纯清, 谭小龙, 等. 2015. 苦苣苔科植物的扦插繁育研究[J]. 北方园艺, (11): 60-65.

饶君凤, 吕伟德. 2007. 濒危药用植物八角莲繁殖与盆栽新技术[J]. 现代农业科技, (20): 47-49.

宋祥后. 1984. 贵州树木新分类群及新分布[J]. 南京林业大学学报(自然科学版), (4): 46-52.

宋祥后. 1986. 贵州树木新分类群及新分布(续)[J]. 南京林业大学学报(自然科学版), (1): 73-85.
孙红梅, 陈彦, 梁银兴, 等. 2015. 濒危植物四药门花的组织培养研究初探[J]. 现代园艺, (4): 12-13.
孙晓颖, 张武凡, 刘红霞. 2015. 带叶兜兰种子原地共生萌发及有效菌根真菌的分离与鉴定[J]. 热带亚热带植物学报, 23(1): 59-64.
谭成江. 2004. 茂兰保护区珍稀濒危植物及保护与利用[J]. 贵州林业科技, 32(2): 43-46.
田凡, 颜凤霞, 姜运力, 等. 2017. 带叶兜兰种子无菌萌发及试管成苗技术研究[J]. 江苏农业科学, 45(9): 30-33.
田晓明, 何志国, 颜立红, 等. 2017. 半枫荷研究进展及展望[J]. 湖南林业科技, 44(3): 97-100.
王承慧. 2007. 深山含笑苗木培育技术[J]. 安徽林业, (4): 37.
王莲辉, 魏鲁明, 姜运力, 等. 2010a. 小叶兜兰的组织培养与快速繁殖[J]. 植物生理学报, 46(11): 1169-1170.
王莲辉, 魏鲁明, 姜运力, 等. 2010b. 白花兜兰的组织培养与快速繁殖[J]. 植物生理学通讯, (10): 1071-1072.
王茂师, 袁丛军, 安明态, 等. 2016. 贵州濒危树种岩生红豆森林群落特征及种群结构[J]. 西部林业科学, 45(1): 81-87.
王晓立, 王婷, 韩浩章. 2017. 榉树的生物学特性与繁殖技术研究进展[J]. 安徽农学通报, 23(11): 122-139.
望雄英, 张海波, 张国禹, 等. 2018. 伞花木播种育苗技术[J]. 绿色科技, (3): 65-66.
韦发南, 王玉国, 何顺清. 2001. 中国樟科润楠属植物一些种类修订[J]. 广西植物, 21(3): 191-194.
韦小丽, 朱忠荣, 廖明, 等. 2005. 香果树组织培养技术研究[J]. 种子, 24(10): 27-29.
文弢, 娄丽, 侯娜, 等. 2016. 大苞短毛唇柱苣苔离体培养和快速繁殖[J]. 天然产物研究与开发, 28(3): 350-353.
吴朝斌, 伍铭凯, 杨汉远, 等. 2007. 篦子三尖杉育苗技术[J]. 林业实用技术, (8): 22-23.
吴健生, 侯乐军. 2019. 半枫荷的嫁接繁殖培育技术[J]. 种子科技, (18): 58, 60.
吴生良. 1990. 金毛狗的人工繁殖及其盆景制作[J]. 中国花卉盆景, (11): 16.
吴晓明, 汤志芳, 张志强, 等. 2007. 南方红豆杉扦插育苗技术[J]. 科技资讯, (24): 92.
熊志斌, 冉景丞, 谭成江, 等. 2003. 濒危植物掌叶木种子生态特征[J]. 生态学报, 23(4): 820-825.
徐天禄. 1998. 贵州悬钩子属一新种[J]. 云南植物研究, 20(2): 163-164.
许小妹, 周焕起, 黄丽云, 等. 2010. 珍稀濒危植物龙棕的保护与开发利用[J]. 中国农村小康科技, (9): 53-55.
许兆然. 1987. 黔南石灰岩山植物新分类群(II)[J]. 中山大学学报(自然科学版), (2): 44-47.
杨海生. 2014. 香木莲播种育苗技术及其应用[J]. 现代园艺, (1): 39-40.
杨武其, 樊卫国, 龙章庆. 2010. 山核桃嫁接技术[J]. 中国果树, (4): 47-48, 80.
杨燕红. 2011. 单性木兰播种育苗技术[J]. 林业实用技术, (7): 36-37.
姚正明, 余登利. 2016. 茂兰研究论文集(I、II) [M]. 贵阳: 贵州科技出版社.
叶自慧, 黄少玲, 朱军, 等. 2016. 樟科楠属4种观赏植物的繁殖养护与园林应用[J]. 广东园林, 38(2): 48-51.
余蓉培, 程薪宇, 张光飞, 等. 2016. 珍稀濒危蕨类植物金毛狗配子体发育及无配子生殖的观察[J]. 植物生理学报, 52(8): 1305-1311.
曾宋君, 彭晓明, 曾庆文. 2000. 深山含笑的组织培养和快速繁殖[J]. 热带亚热带植物学报, 8(3): 264-268, 280.
张百誉, 钟运芳. 1991. 蕨类植物的繁殖[J]. 植物杂志, (2): 12-13.
张丽杰, 赵丽蒙, 韩冬雪, 等. 2014. 珍贵阔叶树种刺楸离体繁殖技术[J]. 经济林研究, 32(4): 127-134.
张文泉, 王定江. 2016. 珍稀濒危植物异形玉叶金花组织培养初步研究[J]. 中南林业科技大学学报, 36(10): 12-15, 47.
张文泉, 王定江, 杨汉远, 等. 2016. 异形玉叶金花扦插繁殖技术[J]. 安徽农业科学, (6): 41-42, 46.
张宪春, 姚正明. 2017. 中国茂兰石松和蕨类植物[M]. 北京: 科学出版社.
张祖荣, 张绍彬. 2010a. 国家二级保护药用与观赏植物金毛狗的孢子繁殖技术初探[J]. 北方园艺, (13): 203-206.
张祖荣, 张绍彬. 2010b. 珍稀濒危药用植物金毛狗的孢子繁殖技术研究[J]. 安徽农业科学, 38(5): 2330-2332, 2353.

周丹丹. 2019. 马褂木繁殖与栽培技术探讨[J]. 绿色科技, (9): 123-124.

周洪英, 张著林. 2000. 掌叶木有性繁殖试验与观察[J]. 贵州林业科技, 28(4): 30-33.

周洁尘, 朱天才, 文虹, 等. 2019. 花榈木人工繁殖技术研究进展[J]. 四川林业科技, 5(40): 104-107.

周庆, 张华海. 2017. 贵州裸子植物[M]. 贵阳: 贵州科技出版社.

周艳, 周洪英, 朱立, 等. 2013. 硬叶兜兰的无菌播种和离体快速繁殖[J]. 贵州科学, 31(5): 79-82.

朱丹. 2015. 喜树的特征特性及主要繁殖技术[J]. 上海农业科技, (3): 78, 95.

朱守谦. 2003. 喀斯特森林生态研究[M]. 贵阳: 贵州科技出版社.

Chen F, Deng Y, Xiong Z, et al. 2019. *Strobilanthes hongii*, a new species of Acanthaceae from Guizhou, China[J]. Phytotaxa, 388(1): 135-144.

Fan Z W, Cai L, Yang J W, et al. 2020. *Petrocodon luteoflorus* (Gesneriaceae), a new species from karst region in Guizhou, China[J]. PhytoKeys, 157: 167-173.

Hu G X, Liu Y, Wei B X, et al. 2014. *Salvia petrophila* sp. nov. (Lamiaceae) from north Guangxi and south Guizhou, China[J]. Nordic Journal of Botany, 32(2): 190-195.

Kuang R P, Duan L D, Gu J Z, et al. 2014. *Impatiens liboensis* sp. nov. (Balsaminaceae) from Guizhou, China[J]. Nordic Journal of Botany, 32(4): 463-467.

中文名索引

拉丁名索引

R

S

T

Z

野外工作照